大麦耐镉机理及相关基因的研究

○ 孙红艳 著

U0305345

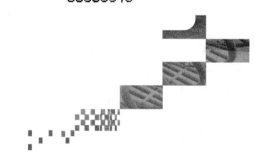

中国农业科学技术出版社

图书在版编目（CIP）数据

大麦耐镉机理及相关基因的研究／孙红艳著. —北京：中国农业科学技术出版社，2016.12

ISBN 978 - 7 - 5116 - 2826 - 8

Ⅰ.①大… Ⅱ.①孙… Ⅲ.①大麦 - 抗性 - 研究 Ⅳ.①S512.335

中国版本图书馆 CIP 数据核字（2016）第 276371 号

责任编辑 张孝安
责任校对 杨丁庆

出 版 者 中国农业科学技术出版社
　　　　　　北京市中关村南大街 12 号　邮编：100081
电　　话 (010) 82109708 (编辑室)　(010) 82106624 (发行部)
　　　　　　(010) 82109703 (读者服务部)
传　　真 (010) 82106650
网　　址 http://www.castp.cn
经 销 者 各地新华书店
印 刷 者 北京富泰印刷有限责任公司
开　　本 710mm×1 000mm　1/16
印　　张 13.5　彩插　8 面
字　　数 210 千字
版　　次 2016 年 12 月第 1 版　2016 年 12 月第 1 次印刷
定　　价 40.00 元

前　言

PREFACE

镉（Cd）是一种毒性很强的有毒重金属，通过发电、采矿、各种工业活动、环境沉积物以及硫酸盐等肥料的副产品释放到环境中。镉是生物体非必需的重金属，且在较低浓度时就会对植物造成危害；短时间内吸收大量的镉可引起急性中毒，出现恶心、呕吐、腹痛等症状，镉中毒晚期则会影响肾功能，并可伴有骨骼病变。

土壤镉污染已对农产品质量安全、人体健康构成严重威胁，镉污染及其防治已引起世界各国高度关注。同时，由于镉在土壤－植物系统中存在形态和迁移以及植物耐镉机制的复杂性，有关植物耐镉毒害机理及作物镉吸收与积累的遗传机理等仍存在着诸多不明之处，现有许多报道结果与观点也不尽一致。因此，深入研究作物耐镉毒害的机理，鉴定并分离克隆低镉积累相关基因，进一步探明大麦镉耐性和吸收与积累基因型差异的分子机理；探索通过化调技术缓解镉毒和降低作物镉吸收积累的途径，有助于培育低镉积累作物品种制订配套农艺与化调措施，有效减少镉通过食物链向人类的转移。

全书共八章。第一章介绍了镉对植物的毒害现象及植物对镉毒害的响应，国内外相关研究进展。第二章介绍了镉胁迫对大麦幼苗光合特性及镉吸收与分布的影响及基因型差异，以镉耐性与积累不同的大麦基因型（浙农 8 号和W6nk2）为材料，水培试验，对照，5 μmol/L、50 μmol/L 和 500 μmol/L 不同浓度镉胁迫试验，研究了镉胁迫对大麦幼苗生长、光合特性及镉吸收与分布的影响及基因型差异。结果表明，镉胁迫显著降低麦苗株高、根长、叶绿素含量、地上部和根系干重；基因型之间差异显著，耐镉基因型浙农 8 号受害较轻，镉敏感基因型 W6nk2 抑制严重。根尖镉荧光定位分析结果显示，镉主要滞留在根系的质外体，尤其是细胞壁中，其中耐性基因型更为明显；同一植株内由根尖到茎部的镉含量呈逐渐下降趋势，且处理时间越长，镉积累量越高，并有从根尖向茎部移动的趋势。镉胁迫显著影响大麦的光合作用及叶绿素荧光，且不同基因型之间差异显著，镉敏感基因型 W6nk2 受抑制严重，耐镉基因型浙农 8 号表现出相对较强的抗性。第三章介绍了不同籽粒镉积累大麦基因型籽粒蛋白表达谱的比较研究，利用双向电泳和 MALDI－TOF 质谱技术，分析比较了籽粒镉积累不同的大麦基因型（浙农 8 号和 W6nk2）籽粒蛋白表达差异，检测到 29 个差异表达蛋白质点，浙农 8 号与 W6nk2 相比，籽粒蛋白质高表达蛋白点 17 个，表达受抑制蛋白点 12 个。差异表达蛋白以蛋白酶抑制剂类相关蛋白为主，包括高表达蛋白 α 淀粉酶/胰岛素抑制剂 CM，Z－型丝氨酸蛋白酶抑制剂和丝氨酸蛋白酶抑制剂 Z7；表达受抑制蛋白包括胰蛋白酶抑制剂蛋白 BTI－CMe2.1 蛋白、胰蛋白酶抑制剂蛋白 BTI－CMe2.2 蛋白和胰蛋白酶抑制剂。其次是热休克蛋白 HSP70 和 Ras 致癌基因家族成员 Rab4 蛋白等胁迫相关蛋白在浙农 8 号中高表达；而在 W6nk2 中有脱氢抗坏血酸还原酶等胁迫相关蛋白高表达。另外，还有贮藏类蛋白，比如球蛋白，推定的燕麦蛋白前体在浙农 8 号中高表达。这些差异表达蛋白可能与大麦籽粒镉积累与耐性密切相关，本研究鉴定得到的蛋白可为深入阐明大麦镉积累机理提供新的契机。第四章介绍了大麦籽粒镉积累相关基因表达分析，利用基因芯片技术，分析了籽粒镉积累差异显著的大麦基因型（高积累：浙农 8 号；低积累：W6nk2）幼苗在镉胁迫下的基因表达谱，结果显示，镉胁迫显著影响大麦转录水平，基因型间存在显著差异；对 2 基因型镉胁迫下差异表达基因比对发现，5 μmol/L Cd 处理诱导低镉积累基因型 W6nk2 的运输载体相关基因上调表达，如 ZIP、ABC 转运蛋白、ATPase、以及 Zn、Fe 离子运输载体等基因上调表达，说明 W6nk2 籽粒镉低积累特性可能与这些转运载体基因的上调表达相关；荧光定量 PCR 验证这些候选基因，得到了一致的表达。第五章介绍了大麦籽粒低镉积累相关基因克隆与转化，进一步利用 Gateway 克隆技术构建了 ZIP 基因家族在大麦里发现的 4 个成员 *ZIP3*、*ZIP5*、*ZIP7* 和 *ZIP8* 的基因沉默表达载体，阳性克隆载体经 PCR 验证、酶切和测序鉴定；为了进一步研究 ZIP 家族不同成员之间及在不同大麦基因型间的表达差异和功能，用农杆菌介导法转化此基因到品质较好的模式转化大麦 Golden promise，以期进一步研究 ZIP 基因对大麦镉转运与积累的调控与影响。第六章介绍了不同大麦基因型悬浮细胞系的建立及耐镉性差异分析，以籽粒镉积累不同的大麦基因型（高积累：浙农 8 号；低积累：W6nk2），和耐镉性不同的大麦基因型（耐镉：萎缩不知；镉敏感：东 17）为材料，在成功建立分散均匀、稳定的胚性悬浮细胞系的基础上，分析镉胁迫对大麦悬浮细胞生长影响及其基因型差异，及镉胁迫对不同基因型大麦悬浮细胞系生长的影响；并进一步利用大麦不同基因型单细胞悬浮系来验证本实验前期结果所得基因 ZIP 蛋白的表达情况。结果表明，以直径约 2 mm 的幼胚为外植体，可以成功建立上述 4 基因型大麦悬浮细胞系；50 μmol/L Cd 处理，4 基因型大麦悬浮细胞活力都显著下降，随着 Cd 处理时间延长，大麦细胞活力逐步下降；且敏感基因型下降更为明显。SDS – PAGE 电泳和 Western 杂交结果表明，ZIP7 蛋白在籽粒低镉积累基因型 W6nk2 中的表达要强于浙农 8 号，这一结果与前面实验结果相符。第七章介绍了外源 NAC 对大麦镉毒害的缓解效应及基因型差异，以耐镉基因型萎缩不知和镉敏感基因型东 17 为材料，水培试验，研究外源 NAC 对镉所致大麦损伤的缓解作用。结果表明，50 μmol/L Cd 处理下，添加 200 μmol/L NAC（Cd + NAC）显著减少大麦幼苗对镉的吸收和积累；缓解大麦幼苗镉毒害症状，2 个基因型株高、根长及生物量都比 Cd 处理显著提高。外源 NAC 显著影响细胞超微结构及活性氧代谢，NAC 显著缓解镉胁迫引起的叶绿体和根系细胞结构的损伤，基本恢复叶绿体片层结构的损伤，嗜锇粒数量显著减少，有效提高了根系分生组织细胞核膜的稳定性和完整性。外源 NAC 对镉胁迫引起的大麦氧化损伤有明显的缓解效应，显著提高抗氧化酶活性，减少叶片 O_2^{-} 和 · OH、MDA 累积，缓解镉对大麦根尖细胞活力的损伤。第八章总结与展望，凝练了创新点，并对部分问题进行了讨论，提出展望。

在本书的编写过程中，作者查阅了大量文献，由于篇幅所限，仅列出了主要文献资料，在此向所有著作者一并谢忱！本书主要资料来源于实地试验和研究，具有一定约束性，这导致研究结果的普及和实用性有所降低。但本书资料可靠，数据翔实，可读性强、对相关研究具有较高的借鉴和参考价值。

由于本书编写工作量大、时间有限，加之著作水平的局限性，难免有疏漏错误之处，敬请专家和读者不吝指正。

著　者

2016 年 10 月

目 录

CONTENTS

第一章 文献综述

　　镉（Cd）是一种毒性很强的有毒重金属，通过发电、采矿、各种工业活动、环境沉积物以及硫酸盐等肥料的副产品释放到环境中。镉是生物体非必需的重金属，且在较低浓度时就会对植物造成危害。另外镉是生物迁移性较强的金属，镉与目前其他四类严重危害人体健康的重金属——汞、铅、砷、铬一样很难在自然环境中降解，因此它可以在生物体内富集，并通过食物链进入人体。在人体中累积达到一定程度，会造成慢性中毒，往往不易被人们察觉，具有很大的潜在危害性。短时间内吸收大量的镉可引起急性中毒，出现恶心、呕吐、腹痛等症状，镉中毒晚期则会影响肾功能，并可伴有骨骼病变。典型的镉中毒事件是曾发生在日本富山县神通川的骨痛病，由于炼锌厂排放的含镉废水污染了周围的耕地和水源，"镉米"把神通川两岸的人们卷入了骨痛病的阴霾中，从 1931 年到 1968 年，神通川地区 258 人被确诊患此病，其中死亡 128 人，至 1977 年 12 月又死亡 79 人。据报道，目前我国不少地区的禾谷类籽粒镉含量明显超过 FAO/WHO 推荐的最高限额，镉中毒事件也偶有发生（王凯荣，1997）；值得一提的是，无论是农业部门近年的抽样调查还是学者的研究结果均显示，中国约 10% 的稻米存在镉超标问题。中国年产稻米近 2 亿 t，10% 即达 2 000 万 t，对于全球稻米消费最大的国家来说，这无疑是一个沉重的现实。土壤镉污染已对农产品质量安全、人体健康构成严重威胁，镉污染及其防治已引起世界各国高度关注。有关镉在土壤—植物系统中的迁移富集特征、植物对土壤中镉的吸收与分配、镉对作物尤其是粮食、蔬菜作物产量和品质的影响已有诸多报道（Wong 等，1986；顾继光和周启星，2002；Wu 等，2005；戴礼洪等，2007）。但是，有关镉低积累相关基因的研究仍十分有限（Xue 等，2009）。同时，由于镉在土壤—植物系统中存在形态和迁移以及植物耐镉机制的复杂性，有关植物耐镉毒害机理及作物镉吸收与积累的遗传机理等仍存在着诸多不明之处，现有许多报道结果与观点也不尽一致。因此，深入研究作物耐镉毒害的机理，鉴定并分离克隆低镉积累相关基因，进一步探明大麦镉耐性和吸收与积累基因型差异的分子机理；探索通过化调技术缓解镉毒和降低作物镉吸收积累的途径，有助于培育低镉积累作物品种制订配套农艺与化调措施，有效减少镉通过食物链向人类的转移。

第一节 镉在植物体内的积累及植物
对镉胁迫的响应和耐性机制

一、镉对植物的影响及植物对镉胁迫的响应

重金属镉由于其 Cd^{2+} 易于被植物根系吸收而备受关注。金属离子进入根系细胞发挥其毒性作用及引起其他可能的反应；也可以被转运进入植株地上部发挥相同的毒害作用。在农作物可食用部位积累的重金属将通过食物链进入人体，对人体健康造成潜在的威胁。植物在遭受镉毒害时，会表现出一些典型的症状。镉使植物根系变短粗、叶色变褐，叶柄叶脉变红，叶片卷曲失绿，叶缘卷曲变褐色；镉抑制禾谷类作物根系和地上部分生长，减少分蘖数，通过破坏木质部组织降低茎的疏导能力，最终导致产量下降甚至死亡。镉也会影响植物对营养元素的吸收，干扰细胞的正常代谢，直接或间接地对植物产生伤害。Hajduch 等（2001）用蛋白质组学的方法研究表明，镉胁迫损害水稻叶片卡尔文循环酶，抑制其活性；导致 RuBisCO 水平剧烈下降，损害光合作用器官，叶绿体和线粒体等结构破坏，抑制光合作用。许多研究者也证实，镉胁迫使破坏叶绿体和光系统（Kieffer 等，2008；Fagioni 和 Zolla，2009；Durand 等，2010），卡尔文循环和电子传递相关酶下调表达。镉胁迫破坏光合作用器官使得植物重新调动其他代谢途径（如糖酵解、三羧酸循环 TCA）能量，产生抗氧化酶保护自身。重金属引起的氧化胁迫主要包括活性氧代谢产物产生和清除活性氧的酶活性增强或抑制，活性氧的产生与植物抗氧化能力之间的不平衡是重金属产生毒害的原因之一（Corticeiro 等，2006；Yang 等，2007）。但目前对镉影响细胞结构的研究很多还只停留在现象上，对其内在机制还有待进一步探讨。

二、植物对镉的耐性

现有许多研究是在镉浓度很高条件下进行的，属于短期的镉胁迫处理，而在自然条件下，镉胁迫往往是浓度不太高但胁迫时间长。这两种胁迫环境下的耐镉毒的基因可能是十分复杂的，是多基因调控涉及各种代谢途径的复杂网络。以往对某一种或某一类基因的行为和功能的研究，已不足于监测该基因或该类基因与其他基因的互作，无法从整个基因组水平进行研究。近年来，基因组学的兴起为我们全面理解植物抗逆性起着革命性作用。蛋白质组学和代谢组学的方法对深入研究植物细胞规律和对重金属胁迫的适应机制同样提供了可能的条件。在过去的 10 年中，已有利用蛋白质组学的方法探讨植物对重金属胁迫适应机制的研究报道（Ahsan 等，2009）。但有关植物对镉的耐性差异的机理研究报道不多，可能还存在其他机制而有待深入研究。

第二节 N－乙酰半胱氨酸在氧化胁迫中的作用

一、N－乙酰半胱氨酸的生理功能

N－乙酰半胱氨酸（NAC）是一种半胱氨酸类似物，应用于许多药物治疗领域（Ziment，1986）；它是一种氨基酸衍生物，也是一种含巯基的抗氧化剂。NAC 易于透过细胞膜并在细胞内脱去乙酰基，形成 L－半胱氨酸，这是合成还原型谷胱甘肽（GSH）的必需氨基酸。NAC 作为具有细胞渗透性的谷胱甘肽前体，可以促进谷胱甘肽氧化还原循环（Schweikl 等，2006）。NAC 可以增加细胞内谷胱甘肽浓度，直接清除 ROS；而谷胱甘肽循环被认为是控制氧化胁迫的最重要的氧化还原调控作用，所以 NAC 也可能会通过促进体内谷胱甘肽的合成和增强谷胱甘肽过氧化物酶活性拮抗各种氧化损伤。

二、N－乙酰半胱氨酸对氧化胁迫的影响

有关 NAC 对氧化胁迫这方面的研究在动物上报道较多，大部分是关于缓解人体疾病和小鼠毒害方面的研究（Liu 等，2011；Ueno 等，2011；Santosh 等，2011）；这些研究表明，NAC 作为抗氧化剂的机制有两个方面，第一是

直接清除 ROS，第二是通过提供半胱氨酸调节细胞内谷胱甘肽含量，缓解氧化胁迫造成的伤害。镉所致氧化损伤、细胞凋亡及其影响因素的研究对于镉毒害的预防、治疗和镉毒性机制研究都具有重要意义。虽然镉对植物胁迫方面的研究较多，但 NAC 对镉毒害所致的氧化胁迫的缓解方面的研究鲜见报道；NAC 可否同样缓解镉对农作物造成的氧化损伤，这将会为镉毒性机制研究和镉中毒的预防、缓解及解毒提供实验依据。

第三节　植物逆境胁迫响应的蛋白质组学研究

一、蛋白质组学简介

蛋白质是基因功能的体现者和执行者，要了解基因的全部功能活动，最终必须回到蛋白质上来。蛋白质组学是一门在整体水平上探讨细胞内蛋白质的组成及其活动规律的新兴学科，蛋白质组学的研究内容主要包括对蛋白质表达模式的研究和对蛋白质组功能模式的研究。高通量的蛋白质组学分析技术是同时监控数百个蛋白的表达与功能分析的强有力手段，但是这种方法受样品复杂性的限制，通常导致重复性检测同一部位，而个别有代表性的蛋白仍然没被检测到；逐步分离提取不同样品在某个时间点或某个发育阶段的蛋白质组分和不同的组织器官或细胞的蛋白质，然后组合为一个完整的蛋白质动力学过程来分析可以避免这一局限性（Florent 等，2011）。而对蛋白质功能模式的研究，是蛋白质组学研究的重要目标。其包括两个方面：一方面，蛋白质与蛋白质、蛋白质与 DNA 的相互作用、相互协调；另一方面，是对蛋白质结构的认识。功能基因组学将会阐明植物抗逆中的复杂的调控网络，揭示涉及抗逆蛋白的多样性。同时，表达序列标签（EST）和基因芯片（microarray）技术的相继出现为大规模的全新基因的发现及其在抗逆反应中的表达模式的研究提供了强有力的工具，为植物抗逆性开辟了广阔的前景。

二、蛋白质组学在植物逆境研究中的应用

运用蛋白组学研究手段，通过比较正常和病理状态下的细胞或组织中蛋白质在表数量、位置等方面表达的差异，可以得到一些与病理改变有关的蛋

白质或疾病特异性蛋白质，相关研究已应用在医学和药学方面。蛋白质组学在植物科学研究中已得到广泛的应用，有研究者利用2D - PAGE结合质谱的方法分析了亲缘关系很近的硬粒小麦不同株系的遗传多样性，发现了品系间的多态性很低并且有7个蛋白质可以用于基因型的鉴定（Picard 等，1997）。在植物生存的现实环境中，往往有一些非生物因子胁迫如重金属、盐害、干旱、臭氧、寒害、机械损伤等，对植物的生长和发育产生不同程度的影响。这些胁迫都会导致植物的蛋白质在种类和数量上发生变化；而差异蛋白质组学的方法可以帮助我们更好地了解上述非生物胁迫对植物造成的伤害及这些伤害导致的植物差异蛋白质组的变化，以及植物对非生物胁迫作出的适应机制。Salekdeh 等（2002）研究两个水稻品种干旱胁迫下以及恢复灌溉后的蛋白质组，发现有42个蛋白点的丰度在干旱胁迫下发生了明显的变化，其中有27个点在两个品种中显示了不同的反应形式。蔡悦（2010）在 50 μmol/L 镉胁迫条件下，采用双向电泳技术分析了抗镉水稻基因型 P1312777 和镉敏感水稻基因型 IR24 叶片及根系中蛋白表达模式，发现不同处理和不同基因型中存在着差异之处，挑选差异表达蛋白质点后结合质谱和生物信息学的知识鉴定到了差异表达蛋白质的功能，为水稻耐镉分子机理提供理论依据。

第四节　基因芯片在研究植物抗逆性上的应用

一、基因芯片技术简介

如前综述植物对生物胁迫和非生物胁迫的防御反应不是单基因控制的，而是由一系列直接或间接作用的功能相关基因，形成一个复杂的调控网络。以往的研究局限于某一种或某一类基因的行为和功能，不能监测该基因或该类基因与其他基因的互作，无法从整个基因组水平进行研究。近年来，基因芯片技术在探讨各种防御反应的基因表达方面发挥了重要的作用。基因芯片技术是一种反向 Northern 杂交技术（Reverse Northern），但与传统的核酸印迹杂交（Southern bloting 和 Northern bloting）相比有许多突出优点：检测系统的微量化，对样品需求量非常少；集约化，能同时研究成千上万条基因的表达变化；效率高，可检测丰度相差几个数量级的表达变化，发现新基因，从而更好地解释基因之间表达变化的灵敏度。

二、基因芯片技术在植物逆境研究中的应用

利用基因芯片技术，可以高通量平行监测基因的表达，进而推断基因的功能。植物体的不同组织，在不同发育阶段、不同的生理和病理状态下所表达的基因种类以及每一基因的表达丰度各不相同，存在严格调控的时空特异性。生命过程的精确性和复杂性在很大程度上决定于生物体内基因的精细调控。根据基因表达谱可系统、全面地从 mRNA 水平定性、定量地了解特定细胞、组织或器官的基因表达模式，并描述和解释其生理功能。因而比较不同个体或物种之间或同一个体在不同生长发育阶段、正常和逆境状态下基因表达谱差异，寻找、发现和定位新的目的基因，如高产、抗虫、抗病、耐寒、耐旱、耐盐基因等，已成为植物学研究领域的方向和热点之一（Harmer, 2002；Chu, 2004；Shim, 2004；Masashi 和 Hanagata, 2007；Guo 等, 2009；Libault 等, 2010）。此外，Druka 等（2006）的研究表明，利用基因芯片研究大麦基因表达谱已极为方便可行，同时他们也构建了大麦数据库 Barley Base（http：//www. plexdb. org）。

第五节　植物悬浮细胞系在逆境胁迫研究中的应用

植物细胞或小的细胞聚集体在液体培养基中于摇床上进行悬浮培养称为植物细胞悬浮培养，这些细胞和小聚集体由愈伤组织、某个器官或组织、甚至幼嫩的植株通过物理或化学方法进行分离而获得（路铁刚和叶和春, 1995）。植物细胞悬浮培养是植物细胞生长的微生物化。由于其分散性好，细胞形状及细胞团大小大致相同，生理状态均匀一致，而且生长迅速，重复性好，易于控制（李阳生, 1992），被广泛用于各种筛选试验，如对重金属毒害、盐胁迫的抗性及对真菌毒素的耐性、细胞生理生化特性研究、体细胞胚的诱导以及细胞次生代谢产物的产生等。因此，植物细胞悬浮培养已经成为植物生物技术中重要技术手段之一。

一、植物悬浮细胞在逆境研究中的特点

常见的悬浮细胞系有模式植物拟南芥以及水稻、烟草、番茄等，它们已被广泛地应用到植物抗/耐等非生物胁迫如干旱、盐、重金属、冷、热等的研究中，为探明胁迫对细胞形态及生长状况、细胞离子吸收、细胞代谢以及抗逆蛋白、基因表达、信号转导等方面的影响做出了巨大贡献。值得注意的是，悬浮细胞与植株存在一定的差异，并不是所有在植株水平上表达的抗性都能够在培养细胞水平上得到体现，因此，细胞试验的结论必须要在活体植株中验证才能具有实用价值；但是它有其优越的一面。

悬浮细胞培养作为一种研究技术和手段，为植物逆境生理生化研究提供了一种新方法和思路。首先，悬浮培养的细胞易于操作控制，在逆境条件下，全体细胞所受胁迫程度一致，生理生化变化一致，便于检测观察；并且培养的细胞在发育上是均一的，任何与胁迫有关的生理生化变化都代表着正在生长的变化。然而，完整的植株有不同组织和不同发育阶段的变化，同时植株还是一个异质的细胞群体，正在活跃生长的细胞比例很小；更重要的是，悬浮细胞的胚性可以令其很好地模拟完整植物中的细胞。因此，植物悬浮细胞培养具有其他技术无法比拟的优势，为深入研究植物抗性生理生化和分子机制提供便利条件。

二、植物悬浮细胞在逆境研究中的应用

植物悬浮细胞系可为细胞程序性死亡提供理想的研究系统（McCabe 和 Leaver，2000），在这方面的研究也较多。由于细胞悬浮培养可产生快速分裂、基因型相对一致的细胞群容易大规模检测细胞的生长和死亡，容易加入化合物，容易评价激素信号转导中间物在细胞程序性死亡（PCD）调控中的作用，容易在显微镜下观察细胞死亡的形态变化。而且，还可使诸如体胚发生、木质部形成、衰老和植物抗病 HR 反应等复杂过程相关的 PCD 研究大为简化（McCabe 和 Leaver，2000；Lo Schiavo 等，2000）。因此，悬浮培养细胞系可作为 PCD 研究的理想系统。环境胁迫因子包括生物因子如病原菌，非生物因子如温度、水涝低氧、营养因子的缺乏及 $AlCl_3$、HCl、H_2O_2、$CaCl_2$ 等均能诱导植物细胞 PCD 的发生（潘建伟等，2000）。

相关的报道还有用激发子分别处理拟南芥、烟草、胡萝卜、西芹悬浮细胞来研究与植物抗病过敏反应相关的细胞程序性死亡 PCD，Desikan 等用 Hairpin 蛋白和过氧化氢处理拟南芥悬浮细胞研究了植物 PCD 的信号传导机制；用 UV 辐射、冷胁迫、热激和低密度分别处理拟南芥、烟草、胡萝卜等悬浮细胞对植物 PCD 的诱导因素进行了研究。Swidzinski 等还用 cDNA 微阵技术对不同条件下所引起的拟南芥悬浮细胞 PCD 发生过程中基因表达进行了研究（Swidzinski 等，2002）。另外，陈军营等（2007）建立的转 DREB 基因烟草悬浮细胞系，为研究其他与抗盐和抗渗透胁迫相关基因功能的检测提供理想的实验系统，并可为其他相关研究提供借鉴。

镉胁迫也会造成烟草悬浮细胞大规模死亡，但对于镉胁迫引起植物细胞死亡的机制依然不明。支立峰等（2006）以遭受镉胁迫的烟草悬浮培养细胞为材料，阐明了烟草细胞受镉胁迫后的死亡是典型的 PCD，并且初步证明镉胁迫造成烟草细胞 PCD 的更深层次原因可能是由镉胁迫产生的 ROS。至于 ROS 是通过什么样的信号途径引发 PCD 过程，这个信号途径与动物细胞中的信号途径是否一致，这些问题有待进一步研究。相关研究还有以烟草悬浮细胞为研究材料，研究了硅对盐胁迫植物细胞生长状况及有关生理生化特性的影响及其作用机理（房江育等，2003），拟南芥悬浮细胞超低温保存及脱落酸在胁迫信号转导途径中的作用研究（胡明珏，2003）。在大麦镉胁迫方法，大多停留在生理方面，董静（2009）建立了大麦悬浮细胞系，进行了基于悬浮细胞培养的大麦耐镉性基因型差异及大小麦耐渗透胁迫差异的机理研究，接着又有报道利用大麦和小麦悬浮细胞研究在受到 NaCl 和 PEG 等非生物胁迫后脯氨酸的积累和 P5CS 基因与 P5CR 基因的表达情况，这些实验作为研究功能基因组学的第一步，验证了大麦和小麦细胞悬浮液作为模型系统来研究是可行的（Dong 等，2010）。

第六节　RNA 干扰在逆境研究中的应用

一、RNA 干扰的发现

RNA 干扰（RNA interference，RNAi）的发现是在 20 年前，Rich Jorgensen 和同事在对矮牵牛（petunias）进行的研究时为了试图加深花朵的紫颜色将一个能产生色素的基因置于一个强启动子后，导入矮脚牵牛中，但结果确没看到期待中的深紫色花朵，多数花成了花斑的甚至白的。Jorgensen 将这种现象命名为协同抑制（cosuppression），因为导入的基因和其相似的内源基因同时都被抑制。刚开始这被认为是矮牵牛特有的怪现象，后来发现在其他许多植物中，甚至在真菌中也有类似的现象。

1995 年，康奈尔大学的 Guo 等在利用反义 RNA 技术研究秀丽线虫（*Caenorhabditis elegans*）*parl* 基因功能时，发现了用传统反义 RNA 理论无法解释的问题。他们将 *parl* 反义 RNA（antisenseRNA）导入秀丽线虫可以阻抑 *parl* 的表达，然而令人惊奇的是，对照实验中导入的正义 RNA（sense RNA）也可以阻抑 *parl* 的表达。1998 年华盛顿卡耐基研究所的 Fire 等对此进行了深入的研究，他们把各种 RNA（包括针对靶基因单链反义 RNA、单链正义 RNA、及双链 RNA）分别来阻抑 *parl* 的表达，结果发现双链 RNA 的阻抑效应比单链 RNA 强（Fire 等，1998）。后来的实验表明在线虫中注入双链 RNA 不但可以阻断整个线虫的同源基因表达，还会导致其第一代子代的同源基因沉默。这种现象后来被称为 RNA 干扰（Chuang 和 Meyerowitz，2000）。在随后的短短一年中，RNAi 现象被广泛地发现于真菌、拟南芥、水螅、涡虫、锥虫、斑马鱼等大多数真核生物中。随着研究的不断深入，RNAi 的机制正在被逐步阐明，而同时作为功能基因组学研究领域中的有力工具，RNAi 也越来越为人们所重视。

二、RNA 干扰的分子生物学机制及在植物上的应用

RNAi 是指在进化过程中高度保守的、由双链 RNA（double-stranded RNA，dsRNA）诱发的、同源 mRNA 高效特异性降解的转录后基因沉默现象。由于使用 RNAi 技术可以特异性剔除或关闭特定基因的表达，所以该技术已被广泛用于探索基因功能和传染性疾病以及恶性肿瘤的基因治疗领域。

植物 RNA 沉默相当复杂，既可发生单细胞水平的细胞自主和非细胞自主（cell-and non-cell-autonomous）的沉默，也可发生植株植物的系统沉默。病毒基因、人工转入基因、转座子等外源性基因随机整合到宿主细胞基因组内，并利用宿主细胞进行转录时，常产生一些 dsRNA。宿主细胞对这些 dsRNA 迅

即产生反应，其胞质中的核酸内切酶 Dicer 将 dsRNA 切割成多个具有特定长度和结构的小片段 RNA（大约 21~23 bp），即 siRNA。siRNA 在细胞内 RNA 解旋酶的作用下解链成正义链和反义链，继之由反义 siRNA 再与体内一些酶（包括内切酶、外切酶、解旋酶等）结合形成 RNA 诱导的沉默复合物（RNA-induced silencing complex，RISC）。RISC 与外源性基因表达的 mRNA 的同源区进行特异性结合，RISC 具有核酸酶的功能，在结合部位切割 mRNA，切割位点即是与 siRNA 中反义链互补结合的两端。被切割后的断裂 mRNA 随即降解，从而诱发宿主细胞针对这些 mRNA 的降解反应。siRNA 不仅能引导 RISC 切割同源单链 mRNA，而且可作为引物与靶 RNA 结合并在 RNA 聚合酶（RNA-dependent RNA polymerase，RdRP）作用下合成更多新的 dsRNA，新合成的 dsRNA 再由 Dicer 切割产生大量的次级 siRNA，从而使 RNAi 的作用进一步放大，最终将靶 mRNA 完全降解。细胞内 dsRNA 的积累导致发生细胞自主的沉默，降解同源 mRNA 并产生可移动的沉默信号，进而信号移动到临近细胞（短距离）和整株植物降解同源 mRNA（长距离系统沉默），这一过程也被人为地划分为 3 个阶段，即沉默的启始、信号传导和维持（图 1 - 1）。在植物中，21 nt 的 siRNA 与短距离沉默和指导 RISC 降解同源 mRNA 有关，而 24 nt 的 siRNA 与系统沉默和 DNA 组蛋白甲基化有关（Hamilton 等，2002）。

目前，大多数 RNAi 技术是基于发夹型 RNA（hpRNA 表达）载体的，这种载体是由一个启动子和在靶基因的反向重复序列之间的终止子区域组成的，且在重复序列之间有间隔区。在植物中，这种方法被用来优化代谢途径并生产健康、高产，对环境效益的产品（Ogita 和 Uefuji，2003；Liu 等，2002；Regina 等，2006）。此技术被用于面包小麦中下调 γ-醇溶蛋白的表达（Gil-Humanes 等，2008），在大麦中用于抑制 C - 醇溶蛋白的表达以改善大麦的营养品质（Lange 等，2007），表明该 RNAi 技术可用于下调由多基因家族编码的蛋白质（Travella 等，2006），后来又有报道通过 RNA 干扰技术有效清除与腹腔疾病相关的小麦醇溶蛋白 T 细胞表位基因（Javier 等，2010）。在植物品质改良方面的应用还有 Ogita 等（2004）利用 RNAi 的方法对可可碱合成酶进行抑制，使植株中的咖啡因含量比原来减少了 70%。此外，Byzova 等通过 RNAi 技术成功地对拟南芥和油菜的花器官进行了改造，创造出没有花瓣但其他功能完整的花。澳大利亚和日本的研究者展示了 RNAi 技术在植物基因替

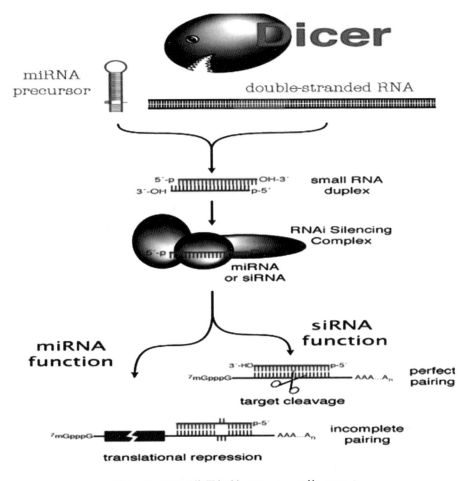

图 1 – 1 RNAi 作用机制（Vaucheret 等，2001）

Figure 1 – 1 The mechanism of RNA interference

代方面的应用，一种去除玫瑰 Dihydroflavonol reductase（DFR）基因的方法，他们还培育出了世界上唯一的蓝玫瑰。

在植物抗病毒上的应用有中国浙江大学的牛颜冰等（2004）研究发现，瞬时表达黄瓜花叶病毒部分复制酶基因和番茄花叶病毒移动蛋白基因的 dsR-NA 能阻止相关病毒侵染。赵明敏等（2006）研究表明，瞬时表达靶向 TMV 复制酶基因、外壳蛋白基因的 siRNA 均能特异性干扰 TMV 侵染，而且这种干扰作用可被 PVA 的 HC-Pro 蛋白所抑制。因此，RNA 干扰技术可望成为新的基因水平植物抗病毒研究的新方法同时为病毒的快速诊断提供新的手段。

虽然有关 RNAi 的许多方面需要我们进一步的探索，但它作为一种崭新的技术方法，已经在各个不同的生物研究领域内展现出了无穷的魅力并取得了很多重大成果，因此 RNAi 被认为是后基因组时代进行大规模基因功能验证及表达调控分析的好方法（图 1-1）。随着 RNAi 技术的不断完善和在各个生物领域内的应用，RNAi 技术必将在生物学研究及应用领域包括植物分子生物学领域开辟一片新的天地。

第七节　本研究的目的意义

镉是毒性最强及农田污染最普遍的重金属之一，目前我国不少地区的食用禾谷类籽粒镉含量明显超过 FAO/WHO 推荐的最高限额，镉中毒事件亦有发生。土壤镉污染已对农产品质量安全、人体健康构成严重威胁。对于中、轻度大面积镉污染耕田，筛选食用器官低镉积累作物品种，配合施用缓解镉毒、减少作物镉吸收积累农艺与化学调控技术，是有效利用自然资源和保证农产品安全生产的重要途径，而深入研究作物镉耐性与积累基因型差异生理与分子机理是开展相关作物育种和栽培调控的基础。作物的耐镉性与低镉积累是一个十分复杂的数量性状，其机制涉及从植株到器官、组织、生理生化直至分子的各个水平。尽管研究者已从不同侧面开展了大量研究，但由于其机制十分复杂，植物耐镉性与低镉积累中的许多重要问题仍有待探索。例如，植物耐镉性与低镉积累的关键因子仍未找到，其分子机制并不十分清楚。

大麦是全球各地普遍栽培的第四大谷类作物，是重要的粮食、饲料以及工业原料作物，其质量安全与国民的健康素质休戚相关。同时，大麦是二倍体自花授粉作物，其染色体数目少，可作为其他麦类作物的模式植物，十分适合生理和遗传机理研究（卢良恕，1996；Forster 等，2000）。且随着啤酒和饲料工业的快速发展，大麦需求量不断增加，在国民经济中的地位日益提高，发展大麦生产已成为我国农业、畜牧业和酿造工业持续发展的迫切需要。作物逆境抗/耐性的筛选和相关基因的分离克隆及其表达机制研究，是全球作物遗传育种和分子生物学研究领域的前沿。课题组前期研究工作较系统地探讨了大麦耐镉性和镉吸收与积累基因型差异的生理机理，鉴定到耐镉毒、籽粒低镉积累的大麦基因型（Chen 等，2007，2008；Wu 等，2003，2007），以镉耐性与积累不同的基因型为材料构建了 DH 群体，为深入阐明低镉积累分子机制与调控技术奠定了扎实的基础。本研究拟在课题组现有工作基础上，以镉耐性与积累不同的大麦基因型及构建的 DH 群体为材料，构建悬浮细胞系，深入开展大麦耐镉性和不同镉积累基因型差异的细胞生理生化机理，筛选鉴定耐镉、低镉积累特异蛋白和相关候选基因，定位相关基因 QTLs，分离克隆低镉积累相关基因，转基因功能验证，进一步探明大麦镉耐性和吸收与积累基因型差异的分子机理。引入 N - 乙酰半胱氨酸生物活性因子，研究其对镉胁迫下大麦生长、镉吸收/转移的影响及基因型差异，探索通过化调技术缓解镉毒和降低作物镉吸收积累的途径，为作物低镉积累育种与生产提供理论依据和技术指导。

第二章 镉胁迫对大麦光合特性及镉吸收 与分布的影响及基因型差异

有关镉在土壤—植物—人畜系统中的迁移途径及特征、植物对镉的吸收、转移和分配规律、以及镉对作物尤其是粮食、蔬菜作物的产量和品质形成的影响已有大量报道（Sanità 和 Gabbrielli，1999；Wu 等，2005；顾继光和周启星，2002；戴礼洪等，2007）。植物镉毒害首先表现为抑制根系生长，破坏根系细胞的完整性，扰乱激素代谢；镉对植物地上部生长的影响主要表现为叶绿素降解，抑制光合作用（Sanità 和 Gabbrielli，1999；Cai 等，2010）。Pad-maja 等（1990），Chen 等（2010）报道，镉抑制叶绿素生物合成，导致总叶绿素含量的降低。Larsson 等（1998）发现油菜（*Brassica napus*）幼苗受镉胁迫后在高光强下叶绿素含量和光化学量子产量均显著下降。在一些植物中，重金属在不同位点作用会导致光合作用的光反应和暗反应的下降（Krupa 和 Baszynski，1995），特别是在光系统 II（photosystem II，PSII）（Clijsters 和 van Assche，1985；Krupa 和 Baszynski，1995）。叶绿素荧光是 PSII 反应中心能量装换效率的指示剂（Papageorgiou 和 Govindjee，2004；Cai 等，2010）。目前，人们普遍使用调幅脉冲荧光和饱和脉冲技术来测定胁迫导致的 PSII 量子效率（Schreiber，2004）和 Fv/Fm（PSII 最大光化学效率）等指标的变化（Fran-kart 等，2003；Nielsen 等，2003）。此外，远荧光诱导动力学也可用于定位环境胁迫的破坏位点。但有关镉特异性荧光定位及其基因型差异的研究仍少见报道。本研究采用前期筛选获得的籽粒镉积累差异显著的大麦基因型，进行不同浓度镉胁迫处理，旨在探讨镉胁迫对大麦生长、光合和荧光参数及镉吸收与分布的影响及基因型差异。

第一节 材料与方法

一、试验设计

1. 镉胁迫试验

参试大麦基因型为本实验室前期筛选获得的籽粒镉积累差异显著的大麦基因型：浙农 8 号（耐镉—籽粒镉高积累基因型）和 W6nk2（镉敏感—籽粒镉低积累基因型）（Chen 等，2008）。镉胁迫水培筛选试验于 2009 年 1 月大麦生长季节在浙江大学华家池校区温室内进行。

种子用 2% H_2O_2 消毒 30 min，用蒸馏水冲洗 7 次，浸种 4 h 后置 20℃/18℃（day/night）生长室内砂床发芽。在 1 叶 1 芯期，选用生长一致的幼苗移至温室内溶液培养。水培容器为 5 L 水桶，每桶盛培养液 4 L，每桶 7 穴，每穴 2 株，海绵固定。用 NaOH 或 HCl 调营养液 pH 值至 5.8 ± 0.1，基本培养液预培养 7 d 后进行镉处理（4 个处理）：0（对照）和 5 μmol/L、50 μmol/L、500 μmol/L Cd。本实验采用裂区设计，镉处理为主区，品种为副区，随机排列，重复 3 次。每个重复 14 株。24 h 保持通气，每隔 7 d 更换培养液。

水培营养液成分（mg/L）的组成为：$(NH_4)_2SO_4$，48.2；$MgSO_4 \cdot 7H_2O$，154.88；K_2SO_4，15.9；KNO_3，18.5；$Ca(NO_3)_2 \cdot 4H_2O$，86.17；KH_2PO_4，24.8；Fe-citrate $\cdot 5H_2O$，7；$MnCl_2 \cdot 4H_2O$，0.9；$ZnSO_4 \cdot 7H_2O$，0.11；$CuSO_4 \cdot 5H_2O$，0.04；HBO_3，2.9；H_2MoO_4，0.01。

2. 分析测定项目及方法

（1）生长性状考查

镉处理第 15 天，各处理取麦株，测株高、根长；根系在 20 mmol/L 乙二胺四乙酸二钠（Na_2-EDTA）浸泡 3 h 以除去表面粘附的离子，然后用蒸馏水冲洗，分地上和根系部分，105℃杀青 30 min，80℃烘干至恒重，称地上部干重和根系干重。

（2）生理性状分析测定

① 光合参数测定。镉处理第 15 天，用 LI-6400 光合仪（LI-COR，Lincoln，NE）测定第一片完全展开叶的光合速率、气孔导度、蒸腾速率和胞间

CO_2 浓度。

②荧光参数测定。利用调制叶绿素荧光成像系统 IMAGING-PAM（调制叶绿素荧光仪）（Walz，Eveltrich，德国）测定叶片 PSⅡ光化学效率（Fv/Fm）。测定前先暗适应 15 min，再照射饱和脉冲光。每处理 5 次重复。

③叶绿素含量测定。镉处理第 5 天、第 10 天、第 15 天，取植株第一张完全展开叶，准确称量叶片 0.100 g，用 10 ml 提取液（乙醇∶丙酮∶水 = 4.5∶4.5∶1）黑暗提取 24 h，用紫外分光光度计在 OD 663 nm、645 nm 比色测定其吸光度，分别计算叶绿素 a、叶绿素 b 含量（Beligni 等，1999）。

（3）镉含量测定

镉处理第 5 天、第 10 天、第 15 天，大麦植株分地上部和根系后，将根系分为离根尖 1 cm、2～6 cm 和 >6 cm 三段，烘干。称取上述烘干样约 1 g，放入坩埚中，在马弗炉内 550℃灰化 12 h，加 HNO_3（30%）硝化，过滤后用原子吸收光谱仪（SHIMADZU AA - 6300）测定根和地上部的镉含量。试验中，每个指标均测定 3 个重复。

（4）镉特异性荧光定位

镉处理第 5 天、第 10 天、第 15 天，取植株样根系在 20 mmol/L Na_2-EDTA 中解吸附 15 min，然后用去离子水冲洗 3 次，去除吸附在根系表面的镉离子。并将处理 15 d 的根系徒手切成薄片，利用 Leadmium 显色液（Molecular Probes，Invitrogen，USA）在黑暗中染色 30 min。显色液配制：将 50 μl DMSO 加入到已分装好的一管 Leadmium™ Green AM 染色剂中，充分混匀后溶于 0.85% NaCl（1∶10）。随后利用 PBS 缓冲液或蒸馏水洗涤 3 次，每次 5 min，去除多余的荧光染料。利用激光共聚焦扫描显微镜（CLSM 510；Zeiss，德国）观察并拍照，激发光和检测光波长分别为 488 nm 和 515 nm。

二、数据统计

所有数据使用 DPS 软件（唐启义和冯明光，2002）进行方差分析和多重比较（LSD 法）。

第二节　结果与分析

一、镉胁迫对大麦幼苗生长的影响及基因型差异

不同浓度镉胁迫处理对大麦幼苗的株高、根长以及干物质积累的抑制程度，随镉处理浓度提高而加剧。株高和根长与镉浓度呈极显著负相关，其中尤其以低镉积累品种 W6nk2 受抑制更为严重（图 2–1）。

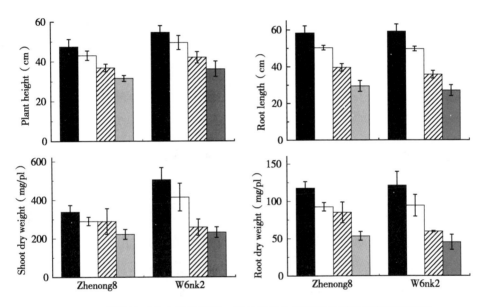

图 2–1　镉胁迫对大麦幼苗株高、根长及生物学产量的影响及基因型差异

Figure 2–1　Genotypic difference in plant height，root length and biomass of barley seedlings after 15 days Cd exposure

黑色、空白、斑点、灰色，分别代表 0、5 μmol/L、50 μmol/L、500 μmol/L Cd 处理，下同。

Filled bar，open bar，dotted bar and gray bar represent 0，5 μmol/L，50 μmol/L，500 μmol/L Cd respectively. Error bars represent SD values（n = 3）

5 μmol/L Cd 处理，对大麦幼苗生长的影响不明显，品种之间的差异亦不显著，随着镉浓度的增加，各生长指标均呈下降趋势，但各指标间下降幅度不同，两基因型间变化亦不同。比较各指标的下降幅度可见镉胁迫对株高的影响最小，根系干重下降最显著。从干物质积累的下降百分比图来看，并没

有呈简单的线形关系，两个不同基因型的植株具有一定差异，根干重可以看出，两基因型在 5 μmol/L Cd 处理时，受到的抑制程度无显著差异（浙农 8号为 - 21.25%，W6nk2 为 - 22.20%）；所以尝试将镉处理浓度提高到 50 μmol/L，与 W6nk2（比对照下降 55.36%）相比较，浙农 8 号（- 28.01%）具有显著的抗性；在 500 μmol/L 的高浓度下，两基因型之间的差异更显著。地上部的干物质积累在一定程度上表现出在镉处理下根部对无机营养物质和水分吸收，运输的能力，在这项指标上，由图 2 - 1 可以看出根部对镉有一定抗性的浙农 8 号的地上部干重的下降百分比要明显小于 W6nk2 的下降百分比（浓度 5 μmol/L、50 μmol/L、500 μmol/L 下，W6nk2 下降百分比与浙农 8 号下降百分比的比值分别为：2.20、2.07、1.65）可得在相同的浓度下镉对 W6nk2 的根系毒害较浙农 8 号更为严重。由上述分析比较可得，镉胁迫对根部的影响要大于对地上部的影响；W6nk2 比浙农 8 号受镉的影响更大，表明浙农 8 号的耐镉性能较强。

二、镉胁迫对大麦幼苗叶绿素含量的影响及基因型差异

镉处理显著降低叶片的叶绿素含量，与株高和生物量积累的表现相似（图 2 - 2）。两基因型大麦在镉胁迫下都表现出叶绿素含量减少，而且随着时间的延长和镉浓度的增大降解程度加大，特别是在处理 10 d 后。低镉积累基因型 W6nk2 叶绿素含量在镉处理后下降幅度大于高镉积累基因型浙农 8 号；且叶绿素 a 的降解程度大于叶绿素 b。低浓度的时候（5 μmol/L）在第 10 天

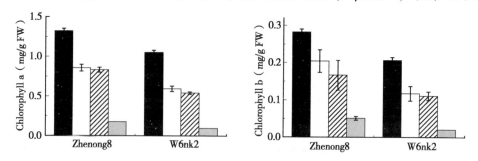

图 2 - 2　镉胁迫对大麦幼苗叶绿素含量的影响及基因型差异

Figure 2 - 2　Chlorophyll content in leaves of two barley genotypes

Error bars represent SD values（n = 3）

到 15 天才表现出明显的叶绿素含量下降，而 50 μmol/L Cd 处理在第 5 天抑制率已达 17% ~ 25%，而到第 15 天时有逐渐恢复的趋势。

三、镉胁迫对大麦幼苗的光合参数的影响及基因型差异

镉胁迫处理 15 d，两个基因型的净光合速率（Pn）、气孔导度（Gs）和蒸腾速率（Tr）均呈现下降趋势，胞间 CO_2 浓度（Ci）却呈上升趋势（图 2 - 3）；且这一趋势随着镉浓度的增加越明显。其中，光合速率下降的幅度最大，在 5 μmol/L、50 μmol/L、和 500 μmol/L Cd 处理后浙农 8 号的光合速率与对照相比分别下降了 31.1%、73.1% 和 83.3%，W6nk2 受抑制更为严重，分别为 29.8%、73.0% 和 96.9%。镉胁迫植株的气孔导度（Gs）明显下降，与对照相比，5 μmol/L Cd 处理，浙农 8 号和 W6nk2 的 Cs 下降 39.39% 和 45.85%；但是胞间 CO_2 浓度（Ci）却随着处理浓度的上升而上升，与其他光合参数的变化趋势相反；500 μmol/L Cd 处理，Ci 分别上升了 44.51%、49.07%，证明了光和速率的下降并不是由于胞间 CO_2 供给的影响，而在于光

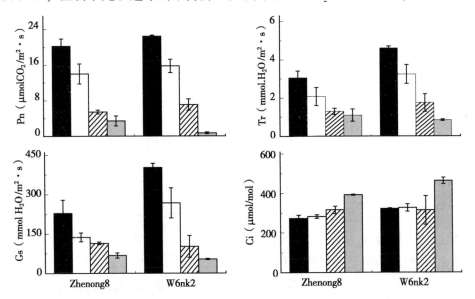

图 2 - 3　镉胁迫对大麦幼苗光合参数的影响及基因型差异

Figure 2 - 3　**The potosynthetic parameters of two barley genotypes after 15 days exposure to Cd**

Error bars represent SD values（n = 3）

合本身出现了异常，导致光合速率的下降。蒸腾作用的趋势与气孔导度一致，均呈下降趋势。同时两基因型在光合功能上的比较也可以看出浙农 8 号对镉的抗性要显著强于 W6nk2。

四、镉胁迫对大麦幼苗叶绿素荧光参数的影响及基因型差异

叶绿素荧光，作为光合作用研究的探针，得到了广泛的研究和应用。叶绿素荧光不仅能反映光能吸收、激发能传递和光化学反应等光合作用的原初反应过程，而且与电子传递、质子梯度的建立及 ATP 合成和 CO_2 固定等过程有关。

PSⅡ光化学效率（Fv/Fm），表示光反应中心 PSⅡ反映原初光能转化效率。5 μmol/L Cd 处理的植株都没有出现显著降低。但 50 μmol/L、500 μmol/L Cd 处理，PSⅡ光化学效率出现显著的下降，其中尤其以 W6nk2 下降幅度更明显。

实际光化学效率（ΦPS，$Yield$），指的是 PSⅡ所吸收的光能用于光化学反应的比例。在镉胁迫下，两个参试品种 Yield 均出现下降的趋势，并且随处理浓度的升高而出现抑制的程度加深。通过数据和图表的分析可得，在两个参试品种中，浙农 8 号的下降百分比比 W6nk2 要低一些，并且比 W6nk2 表现要稳定，表明浙农 8 号可能对镉有一定的耐性机制。

基础荧光（Fo）是 PSⅡ（photosystem Ⅱ）反应中心全部开放时的荧光，表示 PSⅡ反应中心全部开放即原初电子受体（Q_A）全部氧化时的荧光水平。镉胁迫显著增加 Fo，5 μmol/L Cd 处理的浙农 8 号增加了 62.2%，W6nk2 增加了 59.6%，更高浓度的处理 Fo 增加的更多（图 2 – 4）。Fo 的增加表明了镉胁迫使大麦幼苗 PSⅡ反应中心遭到不可逆转的破坏或可逆失活。

荧光猝灭（qP）是植物体内光合量子效率调节的一个重要方面，其中光化学反映的是 PSⅡ天线色素吸收的光能作用于光化学电子传递的份额，在一定程度上光化学猝灭又反映了 PSⅡ反应中心的开放程度。qP 越大，PSⅡ的电子传递活性越大。从图 2 – 4 qP 图可以看出，2 个参试品种随着镉处理浓度的上升，qP 值的下降百分比逐渐升高，在 500 μmol/L 的处理下浙农 8 号为 – 70.13%；W6nk2 为 – 85.73%。表明镉胁迫下 PSⅡ反应中心受到损伤，电子传递的活性降低显著，光化学效率降低，随着镉处理浓度的上升，光合机构的抑制程度加强。

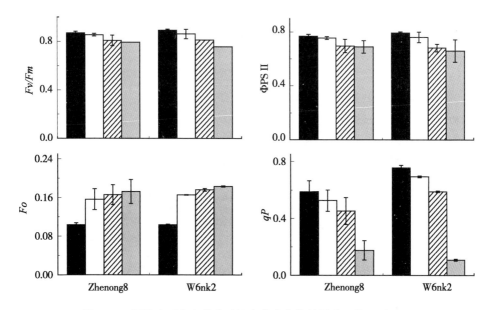

图 2 - 4　镉胁迫对大麦幼苗叶绿素荧光参数的影响及基因型差异

Figure 2 - 4　**The chlorophyll fluorescence parameter of two barley genotypes after 15 days exposure to Cd**

Error bars represent SD values（n = 3）

五、镉胁迫下大麦幼苗根尖镉分布的基因型差异

大麦镉含量的变化结果如图 2 - 5 所示，不同浓度镉处理，大麦植株中镉含量均表现为根部比地上部高，离根尖越近含量越高，其分布规律与其他植物大体相似。说明在镉污染的土壤中，大麦体内的重金属主要富集在不易被食用的根部。另外，随着镉处理浓度增加和处理时间的延长，大麦地上部和根系镉含量也不断增加。当用 500 μmol/L Cd 处理 15 d，其地上部和根的镉含量均达最大值，W6nk2 地上部和根尖各部分（从根顶端到根尖）的含量分别为 339.6 μg/g、2 797.7 μg/g、3 180.0 μg/g、7 995.8 μg/g DW，浙农 8 号则更高分别为 540.0 μg/g、4 730.5 μg/g、4 213.3 μg/g、11 454.9 μg/g DW。浙农 8 号与 W6nk2 的根尖 1 cm 比较可以发现，500 μmol/L Cd 处理 5 d、10 d、15 d，浙农 8 号与 W6nk2 的镉含量比分别为 1.38 倍、1.16 倍、1.43 倍，并且在 5 μmol/L，50 μmol/L 中其比值均大于等于 1.05，即浙农 8 号对镉的

吸收和根部累积显著高于 W6nk2，表明 W6nk2 可能存在一定的外部排斥机理。

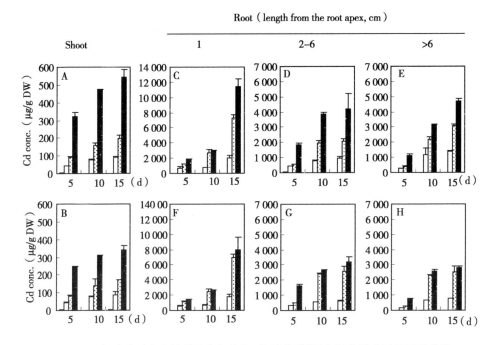

图 2 − 5　镉胁迫对大麦幼苗地上部和根系不同区段镉含量的影响及基因型差异

Figure 2 − 5　Cd concentrations in shoots（A and B）and different

parts of roots（C − E，F − H）of Zhenong8（upper）and W6nk2

（below）after different days exposure to Cd expressed

Error bars represent SD values（n = 3）

六、镉胁迫下大麦幼苗根尖镉荧光定位及基因型差异

为了更加直观准确地观察镉在大麦根系当中的分布，本实验利用与镉特异性结合的荧光染料 Leadmium 来进行染色观察，该荧光探针十分敏感，能够检测到 $\mu mol/L$ 级水平存在的镉，而且不容易受到和 Zn^{2+} 和 Ca^{2+} 等阳离子（除 Pb 外）的干扰以及环境 pH 值的影响。由彩图 1 可见，镉胁迫处理大麦根系，无论是镉高积累型还是低积累型，都能观察到明亮的绿色荧光；但对照植株根系中荧光信号非常微弱。随着镉处理时间的延长和浓度的增加，其根部的镉含量也越高。从处理 15 d 后的横切面图可以看出，根中积累的镉主

要分布在内表皮和中柱鞘细胞壁上，而且随镉处理着时间的延长有向上转移的趋势，其中浙农 8 号中处理 15 d 后的含量低于 10 d 的，推测可能是由于从根尖向上转移的结果。

通过根部组织的荧光照片可以看出，镉离子进入根部组织后，大部分积累在质外体部分，尤其是细胞壁。只有在高浓度镉处理的情况下，才会有少量的镉离子进入到细胞里面。镉在根部向地上部的转移是由木质部所传递的。通过荧光照片的观察，可以发现在高浓度处理下（根尖向上转移的镉离子量多），根部被染色的部分逐渐向髓靠拢，即木质部的镉含量相对其他区域要高。两个不同基因型的植株根部对镉离子的积累也有细微的差异，根尖部分镉的含量两者没有显著差异，并且主要的镉离子都是被细胞壁所截留。但是 2 个品种的横切荧光照片表现出，浙农 8 号镉的分布要比 W6nk2 均匀，并且 W6nk2 中镉离子相对较多的进入了根部细胞中。图 2 – 6 显示了 Image J 软件对大麦根尖镉荧光强度的计算结果，在对照组大麦根尖中，镉荧光强度维持在一个相对较低的水平，这说明正常生长条件下大麦根尖内镉含量相对较低。5 μmol/L Cd 处理 5 d 后，大麦根尖中的镉荧光强度略有增加，随着镉处理时间的延长及浓度的加大，镉荧光强度显著增加，这说明镉处理能够导致大麦根尖镉含量上升。高浓度长时间处理后两基因型间差异显著，变化趋势同镉荧光分布图，可以清楚的看到高镉积累基因型在 500 μmol/L Cd 处理 15 d 后

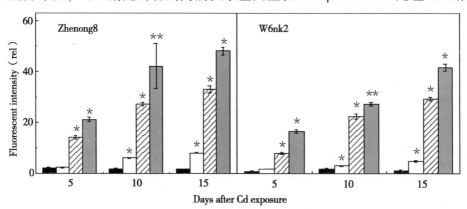

图 2 – 6　镉胁迫下大麦幼苗根尖镉荧光强度值及基因型差异

Figure 2 –6　Relative Cd fluorescence density of root tips from
two barley geneotypes calculated using Image J software

根尖镉含量反而低于处理 10 d 时，推测镉有向上转移的趋势。

第三节 讨 论

现有报道显示，镉对植物根系的抑制率存在基因型差异，是反映镉毒害最敏感的指标（Milone 等，2003；Guo 和 Marschner，1995）。Milone 等（2003）在研究镉对不同基因型小麦的影响时发现，当培养液中镉浓度达到 2.0 μmol/L 时，两基因型根系已经有较大的差异，达到 20% 抑制率的镉浓度分别为 2.2 μmol/L 和 4.7 μmol/L，耐镉基因型的耐受浓度是敏感型的 2 倍以上。

本研究结果也表明，镉对根长的影响比对株高的影响显著，而且两基因型受抑制程度不同。耐镉基因型浙农 8 号在本试验低浓度下变化不是非常明显，敏感基因型 W6nk2 的变化则较显著（图 2 - 1）。另外，结合镉处理后大麦地上部和根系生物量的变化，也表明镉胁迫对根系的抑制作用显著超过其对地上部生长的影响；镉胁迫对根系干重的抑制也存在显著基因型差异，两基因型中以 W6nk2 毒害更严重。

光合作用是作物生长的基础。已有众多的学者在多种植物上研究了镉对植物光合作用的影响（文智和黎继岚，1989；谷巍等，2002；Masood 等，2012；Gill 等，2012），以上研究都发现镉胁迫抑制植物光合作用，种间和品种间均存在显著差异，同时抑制程度受作物生育时期以及镉处理时间和浓度的影响。逆境胁迫引起植物叶片光合速率降低的植物自身因素主要有两类，一是受气孔导度影响的气孔限制；二是受叶肉细胞光合活性的下降影响的非气孔限制。前者使 Ci 降低，而后者使其增高。当这两个因素同时存在时，Ci 变化取决于占优势的那个因素（郑国琪等，2002；许大全，1997）。Farquhar 等（1982）认为，在 Gs 下降时，Ci 同时下降才表明光合的气孔限制。本研究中，镉处理使大麦幼苗叶片净光合速率（Pn）、蒸腾速率（Tr）、气孔导度（Gs）等光合参数下降（图 2 - 3）。这与林舜华等（1981）的实验结果一致，他们也用溶液培养研究不同镉浓度（Cd 0.01 ~ 5 μmol/L）对水稻光合作用的影响，发现在不同镉浓度下水稻光合作用均降低。本试验条件下，与对照相比，镉胁迫处理除了 Ci 升高外，其余的指标都下降，说明镉处理光合速率的下降是由于非气孔导度的下降所致，其光合速率的降低受叶肉细胞光合能力的影响。作为描述蒸腾作用的常用指标，蒸腾速率也受到叶肉细胞的影响。

叶绿素是植物进行光合作用的主要色素，叶绿素含量也是影响植物光合作用的因素之一。据报道，镉胁迫下，植物叶绿体结构受损（彭鸣等，1991；Sift 等，2003；Chen 等，2010），叶绿素生物合成所必需的原叶绿素酸酯还原酶和氨基 – r – 酮戊酸的活性下降（Shimazaki 等，1991；Van 等，1980），导致叶绿素总量降低，植物光合作用受到抑制。Lagrifoul 等（1998）在研究镉对玉米生长的影响时发现，当处理液中镉浓度为 1.7 μmol/L 时，玉米叶绿素含量明显降低。据林舜华等（1981）报道，镉浓度从 0.5 μmol/L 开始，在浇灌 7 d 或 8 d 后，叶色不同程度的发黄褪绿。本试验中也得到了相似的结果，高浓度镉胁迫大麦幼苗的叶绿素含量下降显著，但是，低浓度镉处理下浙农 8 号的叶绿素 a 和叶绿素 b 受到的影响显著轻于 W6nk2，镉胁迫后叶绿素含量的下降程度小于比净光合速率降低率。电子显微镜观察发现，镉还可导致叶绿体的基粒垛叠结构解聚。杨丹慧等（1990）认为，镉对光合作用中光系统 II 的影响更显著。光系统 II 捕光叶绿素蛋白质复合物 LHC II 在光能吸收、传递以及激发能在两个光系统间的分配和调节方面起重要作用，镉可引起 LHC II 部分降解和总量减少（谷巍等，2002）。

通过对荧光参数的分析，可以得到有关光能利用途径的信息。如在非逆境条件下，多种植物的 Fv/Fm 值在 0.85 左右，在逆境条件下，这一效率值明显降低，Fv/Fm 常作为光抑制和 PsII 复合体受伤害的指标。因此，叶绿素荧光猝灭分析通常用于监测光合机构对环境胁迫的响应，如在鉴定评价作物的耐旱性、耐寒性和耐盐性等方面。孙海锋等通过研究不同基因型大豆开花期的叶绿素荧光对干旱胁迫的响应规律，认为干旱胁迫下叶绿素荧光参数（Fv/Fm、Fv/Fo 和 NPQ）的变化与大豆品种的抗旱性有关，如果干旱胁迫下仍能维持较高的 Fv/Fm、Fv/Fo 和 NPQ 值，就表明该大豆基因型具有较强的耐旱性。本研究 2 个参试基因型中，镉胁迫对 Fv/Fo 和 NPQ 值的抑制，浙农 8 号显著轻于 W6nk2，表明浙农 8 号对镉胁迫具有较强耐性。

镉可以通过根系的吸收，运输到作物的籽粒、茎和叶中，并通过食物链危及人类健康。本研究表明，大麦幼苗根系镉含量要明显高于地上部分；如 5 μmol/L Cd 处理 15 d，距根尖大于 6 cm 部分的根部镉含量两基因型平均值为 1 082.8 μg/g，而茎部镉含量平均为 90.55 μg/g，证明大麦幼苗对镉的转移能力较差并且在根部的积累较多。大麦幼苗吸收了镉之后，大部分的镉积累在了根部，扩散缓慢且量相对较少，而且根部对镉的积累主要在于质外体，尤其是细胞壁中。镉透过细胞质的运输机制仍不清楚，阻止镉由质膜进入胞质溶胶是最好的防御机制，植物通过限制对重金属的吸收，能有效降低体内重金属浓度。据报导植物有多种分子机理具有抗镉的作用，已克隆的与植物螯合肽合成酶（PCS）合成，金属硫蛋白（MT），还有其他胁迫蛋白。浙农 8 号具有的抗镉机理仍需做进一步分子水平的研究。根尖镉荧光定位观察分析显示，根部镉的积累主要在质外体部分，其中细胞壁中的镉含量相对较多。但是 Rauser 和 Ackerley（1987）用 3 μmol/L Cd 处理玉米和剪股颖（*Agrostis*）根系，4 d 后细胞壁中未检测到镉；Vázquez 等（2006）用 0.5 μmol/L Cd 处理豆类根系 6 d，也得到相似的结果，原因至今尚不明确。随处理中镉添加量的不断增加，植株镉含量也不断增加，且均与前者呈极显著正相关。

第三章 不同籽粒镉积累大麦基因型籽粒蛋白质表达的比较研究

运用蛋白组学研究植物在逆境条件下对环境胁迫的适应机制已逐渐成为目前研究的热点。世界近年来研究大麦对逆境胁迫响应的蛋白组学已有不少报道，其中包括大麦对干旱胁迫、盐胁迫和病菌胁迫等响应的蛋白组学研究。镉对植物的毒害与植物对镉的耐受涉及复杂的，综合的生理代谢反应，尽管在此方面的研究取得了较多进展，但仍有不少未解决的问题，迄今从分子水平研究镉对大麦的伤害和适应机制仍少见报道。蛋白组学为研究响应镉胁迫的分子网络提供了非常有效的高通量方法，Thomas（2009）等利用双向电泳技术，使用相对和绝对定量（iTRAQ 的™）等压标记发分离了在高（200 μmol/L）低（20 μmol/L）两个镉浓度胁迫下大麦液泡膜蛋白质样品的表达情况。虽然鉴定得到了 56 个液泡转运相关蛋白，但是特异表达的只有少数几个。Ge 等（2009），Lee 等（2010）从蛋白质组学水平探讨了水稻幼苗对高浓度镉（100 μmol/L Cd）胁迫的响应机制。但是，仍未见有关大麦蛋白质组对低浓度镉毒害响应的基因型差异的研究。此外，虽对植物镉抗性机理研究取得了较大的进展，但所研究的植物种类很少，其中研究大麦籽粒更为罕见。鉴于此，本试验以大麦籽粒镉高积累基因型浙农 8 号和籽粒镉低积累基因型W6nk2 为材料，运用比较蛋白质组学技术对正常条件下的大麦籽粒的蛋白质进行了双向电泳分析，鉴定到 17/12 个籽粒镉低积累基因型高表达/表达受抑制蛋白，探讨大麦籽粒低镉积累和高镉积累的分子机理。

第一节　材料与方法

一、植株培养

参试大麦基因型同第二章，即籽粒镉高积累基因型浙农8号和籽粒镉低积累基因型W6nk2。于2008年11月至2009年4月种植在浙江大学华家池校区实验农场。试验田耕作层土壤有机质1.83%、有机碳14.3 g/kg、全氮2.5 g/kg、速效磷40.6 g/kg、pH值为6.5。前茬为水稻，采用畦式整地，畦宽120 cm，行距30 cm，每行播30粒，每个品种播种10m²，播前施复合肥作基肥，播后定期浇水，试验期间无追肥，亦未进行除草和虫害防治。麦田其余管理同一般大田管理。大麦成熟后收获其籽粒，液氮迅速冷冻后，置于−80℃超低温冰箱保存用于蛋白质检测；部分成熟籽粒冷冻干燥至恒重后用样品粉碎机粉碎，过0.5 mm筛，用于总N、蛋白组分含量、氨基酸含量及各元素含量测定。

二、籽粒镉及其他微量元素含量测定

称取上述样约1.5 g，放入坩埚中，在马弗炉内550℃灰化12 h，加HNO_3（30%）硝化，过滤后用原子吸收光谱仪（SHIMADZU AA−6300）测定镉、锌、铜、锰和铁含量。试验中，每个指标均测定3个重复。

三、总氮（N）含量、蛋白组分含量测定

总氮（N）含量的测定：0.2 g样品加入10 ml硫酸消煮，加1 g硫酸钾和硫酸铜做催化剂（10 : 1）；定容为50 ml，过滤，总N含量用BUCHI Kjeflex K−306定氮仪测定。根据大麦总N和总蛋白质含量之间的换算系数5.8，计算总大麦籽粒蛋白质含量。

依据何照范（1985）提出的方法，利用0.5 g样品根据溶解顺序连续提取蛋白质组分，清蛋白、球蛋白、醇溶蛋白和谷蛋白。

四、籽粒可溶性氨基酸含量测定

准确称量上述样品200 mg左右，分别放入水解管中加50 ml 6 mol/L

HCl，充入高纯氮气密闭封口，将水解管放在110℃恒温干燥箱内水解24 h。冷却后，开管，取 5 ml 的溶液65℃进行旋转蒸发至干，加入 5 ml 0.02 mol/L HCl 将样品完全洗脱下来，混匀后 0.22 μm 水相微孔滤膜过滤到进样瓶中，用日立 L-8900 自动氨基酸分析仪分析测定可溶性氨基酸含量，进样量 20 μl。

五、蛋白质表达谱分析

1. 蛋白质样品制备

采用 TCA/丙酮法提取籽粒全部蛋白质，准确称取 1 g 材料于研钵中，加入 10% PVP，液氮研磨成粉末，加入 5 ml 10% TCA（三氯乙酸：10% 纯 TCA，90% 丙酮，0.07% 巯基乙醇）重悬沉淀，在 -20℃沉淀过夜，4℃下 14 000 rpm/min 离心 30 min，弃上清液；沉淀用预冷的丙酮重悬，在 -20℃下沉淀 1 h，4℃下 14 000 rpm/min 离心 30 min，弃上清液；重复前一步操作；真空干燥所得的沉淀，-20℃保存，待裂解后用于双向电泳分离。

所用试剂均为分析纯或电泳级，所用电泳材料购自 Amersham Biosciences。

2. 蛋白质双向电泳

（1）蛋白质样品的裂解及定量

①样品裂解。称取蛋白质干粉按 15 μl/mg 的比例用 CHAPS 提取液〔9 mol/L 尿素，1% 硫苏糖醇（DTD），4% CHAPS，2% Ampholine pH 值 3~10〕于超声波清洗器中 20~25℃超声处理 10×1.5 min，每次超声处理间隔期间震荡 30 s，25℃ 12 000 rpm/min 离心 20 min，取上清液备用。

②定量分析。按参照《蛋白质技术手册》（汪家政等，2000）介绍的 Brandford 方法进行定量：先用 CHAPS 配置不同浓度（10~100 μg/μl，10 个梯度）牛血清蛋白，做出标准曲线，以 Brandford 工作液做参比，每个样品取 10 μl 溶解，在 OD 595 nm 下测量，所得数值参照标准曲线，即可得到蛋白浓度。

③标准曲线的测定。将 10 支干燥洁净的试管编号，按表 3-1 加入试剂，摇匀，以 0 号管为空白调零测定其余各管 595 nm 处相对吸光度。利用所得数据绘制标准曲线。

表 3 – 1 标准曲线测定统计

Tabel 3 – 1 Standard curve measurement statistics

管号	1	2	3	4	5	6	7	8	9	10
双蒸水（μl）	90	80	70	60	50	40	30	20	10	0
蛋白样品（μl）	10	20	30	40	50	60	70	80	90	100
裂解液（μl）	10	10	10	10	10	10	10	10	10	10
0.1mol/L HCl（μl）	10	10	10	10	10	10	10	10	10	10
工作液（ml）	5	5	5	5	5	5	5	5	5	5

④Bradford 储存液。350 mg 考马斯亮蓝 G – 250 溶于 100 ml 95% 乙醇和 250 ml 85%（W/V）磷酸的混合液。

⑤Bradford 工作液。425 ml MilliQ H_2O，15 ml 95% 乙醇，30 ml 85% 磷酸和 30 ml Bradford 储存液混合。

⑥蛋白标准液。将 10 mg BSA 标准品溶于 10 ml 水，配置 1 mg/ml BSA 蛋白溶液。

0.1 mol/L HCl：8.62 HCl μl 稀释到 1 ml。

（2）第一向——等电聚焦（IEF）电泳

第一向等电聚焦在 Ettan IPGphor（Amersham Biosciences）电泳仪等电聚焦槽中进行。将样品与上样缓冲液（7 mol/L 尿素、2 mol/L Thiourea、4% charps、30 mmol/L Tris-HCl pH 值 8.5）混合，使样品蛋白浓度为 5 ~ 10 μg μl。采用 pH 值 4 ~ 7 的 24 cm 线性 IPG 预制干胶条，上样量均为 150 μg；随即进行电泳。

①参数设置。阴极缓冲液为 50 mmol/L NaOH；阳极缓冲液为 25 mmol/L H_3PO_4。20℃ 下进行电泳。

②电压设置。30 V × 10 ~ 12 h，500 V × 1 h，1 000 V × 1 h，8 000 V × 10 h。

（3）平衡

第一向等电聚焦完成后，取出胶条，置于培养皿内，双蒸水清洗；随后 IPG 胶条需经两次平衡，第一次使用 10 ml 含 1% 的 DTT 的平衡液平衡 15 min，第二次向平衡液中加入 2.5% 的 IAA，室温平衡 15 min 后立即进行第二向聚丙烯酰胺（SDS – PAGE）电泳。

平衡液的配置：6 mol/L 尿素，30% 甘油，2% SDS，0.002% 溴酚兰，50 mmol/L Tris-HCl pH 值 8.8。

（4）第二向 SDS – PAGE 电泳

凝胶规格为 19.0 cm×19.0 cm×1.5 mm，底层分离胶为 12.5% 聚丙烯酰胺凝胶，上层浓缩胶为 5% 聚丙烯酰胺凝胶。将胶条置于凝胶顶部，用 0.5% 琼脂糖（电泳缓冲液配置）封闭；Ettan DALT（Amersham Biosciences）电泳槽加入 Laemmli 电极缓冲液进行电泳，待溴酚蓝离底部 0.5 cm 即可停止电泳，一般电泳耗时 6~7 h。

①分离胶配制。(4 板) 30% 聚丙烯酰氨 59.1 g，1.5 mol/L Tris-HCl 45.2 g、pH 值 8.8，双蒸水 65.2 g，10% SDS 1.7 g，10% 过硫酸氨 932.3 μl，TEMED 67.7 μl。

②浓缩胶配。10 ml 1.5 mol Tris-HCl、pH 值 6.8，30% 聚丙烯酰氨 1.72 g、双蒸水 5.4 g，10% SDS 120 ml、10% 过硫酸氨 100 μl，TEMED 30 μl。

③电泳缓冲液。25 mmol/L Tris-HCl pH 值 8.3，0.1% SDS，192 mmol/L Glycine。

④电泳程序。2~2.5 W/胶 40 min；17 W/胶约 6 h。电泳后对所有凝胶同时进行银染。

3. 硝酸银染色

将第二向电泳凝胶从玻璃板剥离，于固定液（50% 甲醇，5% 乙酸）中固定 30 min 然后超纯水浸泡过夜；第二天将其放在 30% 乙醇、2 g/L 硫代硫酸钠、67.86 g/L 无水乙酸钠混合溶液中进行增敏；水洗 3 次，每次 5 min；2.5 g/L 硝酸银、0.4 ml/L 甲醛溶液染色 20 min；水洗 2 次，每次 1 mim；25 g/L 碳酸钠、0.2 ml/L 甲醛溶液中显色 15~20 min；水洗 2 次，每次 1 mim；用 5% 乙酸终止液停止显色；水洗 3 次，每次 5 min。用保鲜膜将凝胶密封并置于 4℃ 冰箱保存。

4. 蛋白质表达图谱的建立及差异点的确定

凝胶银染后用 Umax powerlook 1100 扫描仪进行扫描，构建蛋白质表达图谱；借助 GE HealthCare 软件对图谱进行分析，当两两之间的差量值大于 1.5 时，认为是具有明显性差异。确定为差异蛋白质点，从胶上挖取差异点。

5. 蛋白质点胶内酶解及肽段提取

（1）脱银

将蛋白质点从胶上挖下，切成 0.6 ~ 1 mm³ 的方块放入 PCR 管中；1∶1 混合 30 mmol/L 铁氰化钾与 100 mmol/L 硫代硫酸钠，使之成为工作液。加入工作液，并涡旋振荡，直至褐色消失；加入纯水振荡清洗 3 次，中止反应；加入 200 mmol/L NH₄HCO₃ 孵育 2 次，每次 5 min，弃上清液；加入乙氰脱水 2 次，每次孵育 5 min，弃上清液；真空干燥 1 h。

（2）胶内消化

加入新鲜配制的 10 mmol/L DTT（100 mmol/L NH₄HCO₃ 配制）溶液，57℃孵育 1 h；冷却至室温，吸去残液。加入等体积 55 mmol/L 碘乙酰胺（100 mmol/L NH₄HCO₃ 配制）溶液，避光孵育 1 h，不时振荡；弃上清液，加入 100 mmol/L NH₄HCO₃ 溶液，振荡均匀，室温静置 5 min，重复 1 次；加入乙氰，振荡均匀，室温静置 5 min，重复 1 次；真空干燥 1 h；加入 15 µl 消化液［12.5 ng/µl 胰酶（50 mmol/L NH₄HCO₃ 配制）溶液］，混匀，4℃放置 30 min；吸出多余的液体，加入 10 µl 50 mmol/L NH₄HCO₃ 溶液，6 000 rpm/min 离心 30 s，37℃酶切 12 h。

（3）萃取

冷却至室温，6 000 rpm/min 离心 30 s，收集消化液于一新离心管中；用 20 mmol/L NH₄HCO₃ 溶液提取，收集萃取液于同一离心管中；用 5% TFA/50% 乙氰提取 3 次，收集萃取液于同一离心管中；乙氰提取两次；收集萃取液于同一离心管中；真空干燥大约 3 h。

6. MALDI-TOF-TOF MS 分析和数据库搜索

完全冻干的样品重新用 0.1% TFA 溶解，然后使用美国应用生物系统公司 4 800 plus MALDI-TOF-TOF MS 串联飞行时间质谱仪进行分析。质谱鉴定采用板上混合点样方法。质谱操作参数如下：反射模式，正离子检测，一级质谱的质量扫描范围为 800 ~ 3 500 Da，使用标准肽混合物（des-Argl-Brady-kinin Mr 904.468；Angiotensin I Mr 1296.685；Glul-Fihrinopeptide B Mr 1570.677；ACTH（1 ~ 17）Mr 2093.087；ACTH（18 ~ 39）Mr 2465.199；ACTH（7 ~ 38）Mr 3657.929 作为外标校正，激光频率为 50 Hz，每一个样品质谱信号累加 700 个激光点数；对于每一个样品，再选择信噪比最强的且大于或等于 50 以上的 5 个峰分别作为前体离子，然后进行二级质谱分析，单个前体离子的串联质谱信号累加 2 000 激光点数，获得的一级和二级质谱数据使用 GPS Explore（V3.6，美国应用生物系统公司）软件进行分析。

分析后的每一个样品的一级和二级质谱数据整理后使用 MASCOT（V2.1，Matrix Science，London，UK）搜库软件进行数据库（NCBInr）检索，鉴定蛋白质。切割的酶为 trypsin，允许最大的未被酶切位点数为 1，可变修饰为半胱氨酸乙酰胺化和甲硫氨酸氧化，没有固定修饰，母离子质量容差为 50×10^{-6}，片段离子质量容差为 0.2 Da。一些已知的角蛋白的污染峰将被去除。MASCOT 蛋白质得分（基于一级和二级质谱数据联合搜库的数据）超过 76 分（P < 0.05）或者二级质谱单肽段离子得分超过 46 分的结果将被认为可靠鉴定的结果。

第二节　结果与分析

一、不同籽粒镉积累大麦基因型籽粒镉及其他微量元素含量比较分析

籽粒镉含量测定结果表明，浙农 8 号含量显著高于 W6nk2，大约差 3 倍（图 3 - 1a），再次验证浙农 8 号是籽粒高镉积累基因型，W6nk2 是籽粒低镉积累基因型，这一结果与本实验室前期结果一致（Chen 等，2007）。

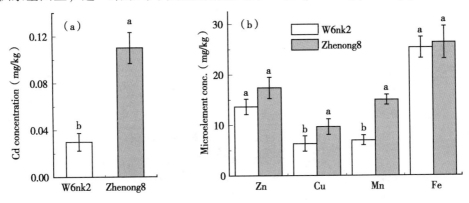

图 3 - 1　不同籽粒镉积累大麦基因型籽粒镉（a）与其他微量元素含量（b）

Figure 3 - 1　GrainCd and micro element concentrations of Zhenong8 and W6nk2

Means with the same letter are not significantly different at P = 0.05 between the two genotypes

从图 3－1b 中可以看出，两基因型籽粒 Zn、Cu、Mn 和 Fe 等微量元素的含量均为浙农 8 号高于 W6nk2，但仅 Cu 和 Mn 存在显著的基因型差异，Zn 和 Fe 含量未达显著水平。

二、不同籽粒镉积累大麦基因型籽粒总蛋白及蛋白组分含量比较分析

贮藏蛋白在籽粒营养和元素含量等方面具有重要作用，本实验结果表明两基因型籽粒总氮及蛋白组分含量具有显著差异（图 3－2）。总蛋白质含量在浙农 8 号和 W6nk2 中分别为 14.1 % 和 10.2%。就蛋白组分而言，球蛋白所占比率最低，在浙农 8 号和和 W6nk2 中含量为 6.4 mg/g and 6.0 mg/g。其次是清蛋白，在籽粒高低镉积累基因型中含量分别为 11.2 mg/g 和 9.4mg/g。醇溶蛋白含量相对较高，浙农 8 号中为 33.4 mg/g，W6nk2 中为 24.2 mg/g。两基因型相比，含量差异也最大的是醇溶蛋白，表明它有可能与籽粒元素含量积累有关。谷蛋白含量最高，但在两基因型间没有显著差异，其含量分别为 50.9 mg/g 和 50.8 mg/g。

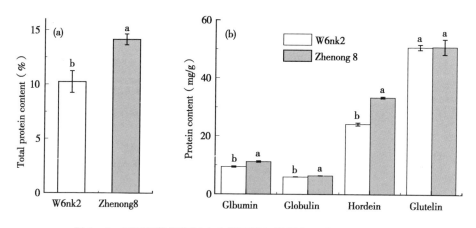

图 3－2　不同籽粒镉积累大麦基因型籽粒蛋白组分及总蛋白含量

Figure 3－2　Differences in protein fraction contents between grains of Zhenong8 and W6nk2

Means with the same letter are not significantly different at P = 0.05 between the two genotypes.

三、不同籽粒镉积累大麦基因型籽粒可溶性氨基酸含量比较分析

氨基酸含量分析结果显示，籽粒高镉积累基因型浙农 8 号中含量显著高

于低镉积累基因型 W6nk2（表 3-2 和图 3-3）。两基因型中总的氨基酸含量
分别为 11.69g/100g 和 4.33 g/100g，17 种氨基酸中，两基因型间差别最大的
是脯氨酸（Pro）2.99 倍，最小的是蛋（甲硫）氨酸（Met）2.24 倍；以谷
氨酸（Glu）含量最高，它在浙农 8 号中的含量是 27.43%，蛋（甲硫）氨酸
（Met）最低。各蛋白组分含量高低次序在两基因型中没有明显差异，仅个别
有差异。另外，两基因型氨基酸组分的百分含量有显著差异，其中谷氨酸
（Glu），酪氨酸（Tyr），苯丙氨酸（Phe）和脯氨酸（Pro）在浙农 8 号中的
含量高于 W6nk2，但是其余的氨基酸百分含量均为浙农 8 号低于 W6nk2。

表 3-2　不同籽粒镉积累大麦基因型籽粒氨基酸含量

Table 3-2　Composition of two barley grain in amino acids, expressed in g per

100 g dry matured barley grains and percent content（%）

Genotype	Asp	Thr	Ser	Glu	Gly	Ala	Cys	Val	Met	Ile	Leu	Tyr	Phe	Lys	His	Arg	Pro	Total
Content in g per 100 g dry weight																		
Zhenong8	0.65 *	0.43 *	0.54 *	3.21 *	0.46 *	0.49 *	0.22 *	0.55 *	0.18 *	0.42 *	0.87 *	0.38 *	0.65 *	0.40 *	0.25 *	0.58 *	1.41 *	11.69 *
W6nk2	0.26	0.16	0.21	1.07	0.19	0.19	0.09	0.23	0.08	0.18	0.34	0.13	0.23	0.16	0.10	0.22	0.47	4.33
Percent Content（%）																		
Zhenong8	5.58	3.68	4.62	27.43	3.97	4.18	1.92	4.72	1.52	3.55	7.41	3.23	5.52	3.44	2.17	4.94	12.10	100.00
W6nk2	6.04	3.71	4.74	24.81	4.46	4.50	2.15	5.36	1.82	4.07	7.81	3.02	5.34	3.78	2.29	5.07	10.92	100.00

* means significant at 0.05 level.

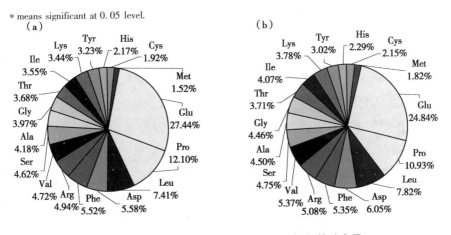

图 3-3　不同籽粒镉积累大麦基因型籽粒氨基酸含量

Figure 3-3　Differences in amino acids contents

between grains of Zhenong 8（a）and W6nk2（b）

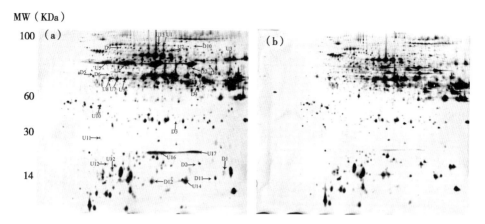

图 3 - 4　不同籽粒镉积累大麦基因型籽粒蛋白质双向凝胶电泳图谱

（a：浙农 8 号；b：W6nk2）

Figure 3 - 4　Representative 2 - DE maps comparing two grain proteins of Zhenong 8

（a）and W6nk2（b）

Total seed proteins were extracted and separated by 2 - DE. In IEF, 90 μg of proteins were loaded onto pH 4 ~ 7 IPG strips（24 cm，linear）. SDS - PAGE was performed with 12.5% gels. The spots were visualized by silver staining. Differentially accumulated protein spots are indicated by arrowheads. Seventeen higher expressed spots（U1 ~ U17）and 12 suppressed spots（D1 ~ D12）were indicated on the map of high-grain-Cd-accumulate genotype Zhenong8（a），contrasted with low-grain-Cd-accumulate genotype W6nk2（b）.

四、不同籽粒镉积累大麦基因型籽粒蛋白表达图谱的构建与比较分析

将提取的各蛋白样品经双向电泳，得 2 - D 凝胶图谱，进一步通过 Imagemaster 2D Elite 5.0 图象软件分析，经自动检测和人工去除杂点后，在 pI 4 ~ 7、Mr 14 ~ 100 KD 的范围内，平均每块胶有 1 300 个左右蛋白质点。分析比较籽粒高镉积累基因型浙农 8 号与低镉积累基因型 W6nk2 籽粒蛋白表达图谱（以 W6nk2 为对照），检测到 29 个差异表达蛋白质点（图 3 - 4），其中 17 个蛋白点浙农 8 号中高表达，标记为 U1 ~ U17；12 个蛋白质点表达受抑制，标记为 D1 ~ D12。差异蛋白点的局部放大图如图 3 - 5 所示。两大麦基因型相比，特异表达 6 个蛋白：其中 5 个蛋白点（D2、D4、D5、D9、D11 和 D12）在籽粒低镉积累基因型 W6nk2 中特异表达，1 个（U14）在籽粒高镉积累基因型浙农 8 号中特异表达。

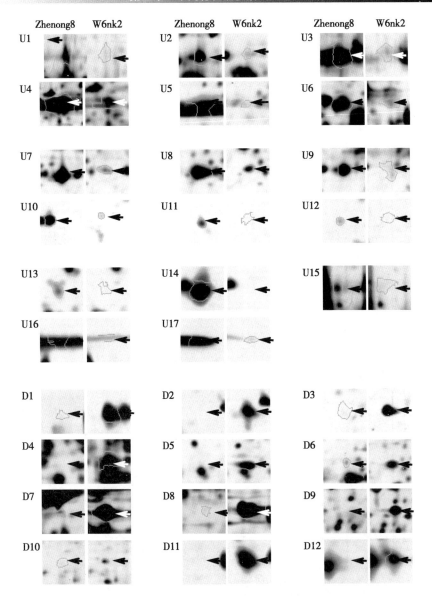

图 3 − 5　不同籽粒镉积累大麦基因型籽粒蛋白质差异表达蛋白点的局部放大图

Figure 3 − 5　The 'spot view' of proteins higher expressed or suppressed in the grains of Zhenong8 vs W6nk2

The areas in the arbitrary polygon of barley grain proteins from high-grain-Cd-accumulate genotype Zhenong8 have been enlarged and placed side by side with the corresponding areas of gel obtained from low-grain-Cd- accumulate genotype W6nk2. Protein spot ID refers to numbers in Figure 3 − 1.

表3-3 浙农8号与W6nk2相比籽粒蛋白质高表达蛋白的质谱鉴定结果

Table 3-3 Proteins whose expression were significantly higher expressed

(+) in Zhenong8 compared with W6nk2 grains (Zhenong8 vs W6nk2)

Spot ID	蛋白质名称 Protein name	NCBI登录号 Accession number	分子量 MW (Da)	等电点 pI	Protein Score C.I.(%)	Sequence coverage (%)	Matched peptide numbers	Fold increased	功能 Putative function
U1	胚乳特异 β-淀粉酶 Endosperm-specific β-amylase [H. vulgare subsp. vulgare]	gi|29134857	59 601.3	5.6	100	61.9	22	11.6	carbohydrate metabolism
U2	苹果酸脱氢酶 Os01g0743500 [O. sativa (japonica)]	gi|115439879	64 229.4	6.5	99.9	30.4	11	14.1	carbohydrate metabolism
U3	维生素 B6 (吡哆醇) 生物合成蛋白 Pyridoxine biosynthesis protein [Dehalococcoides ethenogenes]	gi|57234829	31 157.1	6.3	98.5	53.2	9	9.7	protein synthesis
U4	UDP-葡萄糖焦磷酸化酶 UDP-glucose pyrophosphorylase [H. vulgare]	gi|6136111	51 612.2	5.2	100	56.7	19	9.3	carbohydrate metabolism
U5	DNA酶 VII 大亚基 Dnase VII large subunit [Burkholderia pseudomallei]	gi|7680 9216	55 384.4	10.9	99.8	19.6	8	49.2	nucleic acid metabolism
U6	Z-型丝氨酸蛋白酶抑制剂 Protein z-type serpin [H. vulgare subsp. vulgare]	gi|1310677	43 193.3	5.6	100	57.5	15	5.8	protease inhibitor
U7	丝氨酸蛋白酶抑制剂 Z7 Serpin-Z7 (HorvuZ7) (BSZ7) [H. vulgare]	gi|75282567	42 794.1	5.5	100	61.7	13	12.6	protease inhibitor
U8	丝氨酸蛋白酶抑制剂 Z7 Serpin-Z7 (HorvuZ7) (BSZ7) [H. vulgare]	gi|75282567	42 794.1	5.5	100	56.4	13	5.4	protease inhibitor
U9	丝氨酸蛋白酶抑制剂 Z7 Serpin-Z7 (HorvuZ7) (BSZ7) [H. vulgare]	gi|75282567	42 794.1	5.5	100	69.8	14	6.7	protease inhibitor
U10	DNA 促旋酶调节器 Probable modulator of DNA gyrase [Rhodobacter sphaeroides]	gi|77462370	49 775.3	5.2	99.1	45.7	10	23.2	transcription

（续表）

Spot ID	蛋白质名称 Protein name	NCBI 登录号 Accession number	分子量 MW (Da)	等电点 pI	Protein Score C.I. (%)	Sequence coverage (%)	Matched peptide numbers	Fold increased	功能 Putative function
U11	推定的共济失调毛细血管扩张突变蛋白 Predicted: ataxia telangiectasia mutated protein isoform 1 isoform 2 [Canis familiaris]	gi|73954827	349 319.9	6.2	98.2	17.0	39	30.3	signal transduction
U12	Ras 致癌基因家族成员 Rab4 蛋白 Member of RAS oncogene family-like 4 [H. sapiens]	gi|6857824	72 209.3	5.3	96.7	39.5	5	6.3	response to stress
U13	胚胎球蛋白 Embryo globulin [H. vulgare subsp vulgare]	gi|167004	72 209.3	6.8	99.9	17.7	7	30.6	storage protein
U14	α 淀粉酶/胰蛋白酶抑制剂 CM α-amylase/trypsin inhibitor CM [H. vulgare]	gi|585289	15 489.5	5.9	100	62.1	4	1 000 000	protease inhibitor
U15	热休克蛋白 HSP70 HSP70 [H. vulgare subsp. vulgare]	gi|476003	66 974.9	5.8	100	42.9	16	3.7	response to stress
U16	推定的燕麦蛋白前体 Putative avenin-like a precursor [T. aestivum]	gi|89143120	18 414.7	8.4	99.4	8.9	1	9.9	storage protein
U17	推定的燕麦蛋白前体 Putative avenin-like a precursor [Aegilops markgrafii]	gi|89143128	18 849	7.9	100	8.7	1	39.3	storage protein

注：蛋白质点 ID 是指 Figure 3 – 3 中的点，登录号为 NCBI 数据库对应的号码。

Protein spot ID refers to numbers in Figure 3 – 3. Accession number of top database match from the NCBInr database. Protein induced in Zhenong 8 seeds vs W6nk2. Fold increase was calculated as Zhenong8/W6nk2 for higher expressed proteins in Zhenong 8 compared with W6nk 2 grains （Zhenong 8 vs W6nk 2）. All ratios shown are statistically significant （$p < 0.05$）

表3-4 浙农8号与W6nk 2相比籽粒蛋白质表达受抑制的蛋白点的质谱鉴定结果

Table 3-4 Proteins whose expression were significantly suppressed (-) in Zhenong 8 compared with W6nk 2 grains (Zhenong 8 *vs* W6nk 2)

Spot ID	蛋白质名称 Protein name	NCBI 登录号 Accession number	分子量 MW (Da)	等电点 pI	Protein Score C.I.(%)	Sequence coverage (%)	Matched peptide numbers	Fold decreased	Putative function
D1	大麦胰蛋白酶抑制剂蛋白 BTI-CMe2.1 BTI-CMe2.1 protein [*H. vulgare subsp. spontaneum*]	gi|2707916	16 212.9	6.8	96.4	41.2	4	-299.1	protease inhibitor
D2	大麦胰蛋白酶抑制剂蛋白 BTI-CMe2.1 BTI-CMe2.1 protein [*H. vulgare subsp. spontaneum*]	gi|2707916	16 212.9	6.8	100	37.8	3	-1 000 000	protease inhibitor
D3	脱氢抗坏血酸还原酶 Dehydroascorbate reductase [*T. aestivum*]	gi|28192421	23 343.1	5.9	100	54.7	9	-36.4	response to stress
D4	大麦醇溶蛋白B B hordein precursor [*H. vulgare subsp. vulgare*]	gi|18929	33 481.9	6.9	100	56.9	9	-1 000 000	storage protein
D5	二硫化物异构酶前体蛋白 Protein disulfide-isomerase precursor [*H. vulgare*]	gi|1709617	56 427.8	5.0	97	30.6	12	-1 000 000	antiviral protein
D6	天冬氨酸-tRNA合成酶 Aspartyl-tRNA synthetase [*H. sapiens*]	gi|78394948	57 088	6.1	99.1	45.7	13	-8.6	amino acids metabolism
D7	中心粒周围蛋白B Similar to Pericentrin B [*Equus caballus*]	gi|194226359	371 527.2	5.4	99.9	18.1	46	-32.7	response to stress
D8	推定的细丝蛋白A互作蛋白1异构体4 Predicted filamin A interacting protein 1 isoform 4 [*Pan troglodytes*]	gi|114608167	109 204.8	8.2	99.7	35.7	26	-198.3	antiviralprotein
D9	动力蛋白重链 Dynein heavy chain [*Trypanosoma brucei*]	gi|71754823	484 662.5	6.3	99.8	16.1	45	-1 000 000	response to stress
D10	谷氨酰基-tRNA合成酶 Glutaminyl-tRNA synthetase [*Desulfuromonas acetoxidans*]	gi|95929122	64 341.9	5.3	99.4	38	14	-6.1	amino acids metabolism
D11	大麦胰蛋白酶抑制剂 Trypsin inhibitor [*H. vulgare*]	gi|28375520	16076.8	6.7	100	40.8	4	-1 000 000	protease inhibitor
D12	大麦胰蛋白酶抑制剂蛋白 BTI-CMe2.2 BTI-CMe2.2 protein [*H. vulgare subsp. spontaneum*]	gi|2707918	16 187.8	6.7	100	28.6	4	-1 000 000	protease inhibitor

五、差异表达蛋白点的 MALDI-TOF-TOF MS 鉴定

截取差异表达蛋白目标斑点，进行 MALDI-TOF-TOF MS 分析，获得肽指纹图谱。根据肽质量指纹图谱数据，在 Mascot 网站进行检索，初步鉴定到 29 个已知功能蛋白相匹配的差异蛋白点，其中 17 个高表达，12 个表达受抑制点（浙农 8 号 *vs* W6nk2），结果分别详见表 3 – 2 和表 3 – 3 所示。根据这些差异表达蛋白点的功能分类，可将所鉴定的 29 个籽粒差异表达蛋白质按照功能不同归类（图 3 – 6）。

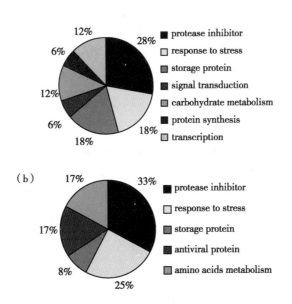

图 3 – 6　不同籽粒镉积累大麦基因型籽粒蛋白质功能分类

（a：上调表达蛋白，b：下调表达蛋白）

Figure 3 – 6 The functional categorization of grain proteins

（a：higher expressed，b：suppressed in Zhenong8 *vs* W6nk2 identified

by 2 – DE）Proteins were classified using the NCBI database

1. 籽粒镉高积累大麦基因型高表达蛋白

将 17 个高表达蛋白按照功能分类依次为：蛋白酶抑制剂类，占上调蛋白总数的 29%，包括特异表达蛋白 U14，检索得到蛋白为 α 淀粉酶/胰岛素抑制

剂 CM，Z - 型丝氨酸蛋白酶抑制剂（U6）和丝氨酸蛋白酶抑制剂 Z7（Hor-vuZ7）（BSZ7）（蛋白点编号为 U7、U8、U9），它们对应的 C. I. 百分比都为100%，蛋白序列覆盖率高达 69.8%；第二类是贮藏蛋白（18%），包括 U13胚胎球蛋白、U16 和 U17 推定的燕麦蛋白前体（avenin-like a precursor）；第三类是热休克蛋白 HSP70（U15）和 Ras 致癌基因家族成员 Rab4 蛋白（U12）等胁迫相关蛋白（17%）；其次有 UDP - 葡萄糖焦磷酸化酶、苹果酸脱氢酶、胚乳特异 β-淀粉酶等碳水化合物代谢相关蛋白（12%）；DNA 促旋酶（U10）等转录因子（12%）、信号转导（6%）和吡哆醇生物合成蛋白（U3）等蛋白质合成相关蛋白（占 6%），如表 3 - 3 所示。

2. 籽粒镉高积累大麦基因型表达受抑制蛋白

12 个表达受抑制蛋白中比例最高的还是蛋白酶抑制剂类（33%），包括胰蛋白酶抑制剂蛋白 BTI-CMe2.1 蛋白（D1 和 D2）、胰蛋白酶抑制剂蛋白BTI-CMe2.2 蛋白（D12）和胰蛋白酶抑制剂 D11，其中 D2、D11 和 D12 是在籽粒低镉积累基因型 W6nk2 中特异表达的蛋白点；和上调表达不同的是第二类是 D3 脱氢抗坏血酸还原酶等胁迫相关蛋白（25%）；其次还有氨基酸代谢相关蛋白（17%），包括天冬氨酸 - tRNA 合成酶（D6），谷氨酰胺酰 - tRNA合成酶（D10）；抗病毒蛋白（17%），它们是特异性表达蛋白（D5）二硫化物异构酶前体，D8 推定的细丝蛋白 A 互作蛋白 1 对碘氧基苯甲醚 4；贮藏蛋白（8%）大麦醇容蛋白 B，编号 D4，此蛋白在 W6nk2 中特异表达，具体如表 3 - 4 所示。由以上可见，差异表达蛋白点主要以蛋白酶抑制剂类为主，其次包括了胁迫相关蛋白、贮藏蛋白、氨基酸合成相关蛋白和碳水化合物代谢相关蛋白等类型；不同功能类型的蛋白在不同积累型大麦里所占比例有明显差异。

第三节　讨　论

本实验利用蛋白质双向电泳技术构建 2 - D 图谱进而进行差异点质谱鉴定，比较分析籽粒镉高积累（浙农 8 号）与低积累大麦基因型（W6nk2）的蛋白表达谱，分别鉴定到 17/12 个高表达/表达受抑制蛋白点（浙农 8 号 *vs*W6nk2），即 1 蛋白点浙农 8 号特异表达，16 个蛋白点的表达量浙农 8 号显著高于低镉积累 W6nk2。差异蛋白包括蛋白酶抑制剂类蛋白，胁迫响应相关蛋白，贮藏蛋白及碳水化合物代谢等相关蛋白，表明植物镉耐性和高低镉积累可能是体内多种生理功能相互协调的结果。

蛋白酶抑制剂是本实验中出现最多的蛋白质。蛋白酶抑制剂是指能和蛋白酶的必需基团发生化学反应，从而抑制蛋白酶与底物结合，使蛋白酶的活力下降甚至丧失的一类物质。根据同源性分析，已测定了氨基酸序列的植物蛋白酶抑制剂可以分为 59 个家族（Christeller，2005），根据这些蛋白酶抑制剂所抑制的蛋白酶的不同，大致分为四大类：丝氨酸蛋白酶抑制剂、半胱氨酸蛋白酶抑制剂、金属蛋白酶抑制剂和酸性蛋白酶抑制剂（程仲毅和薛庆中，2003）。其中，研究表明，丝氨酸蛋白酶抑制剂和半胱氨酸蛋白酶抑制剂可以明显抑制昆虫的生长和发育（黄浩，2009）。丝氨酸蛋白酶抑制剂在籽粒镉高积累基因型浙农 8 号中高表达，它又可根据氨基酸排列顺序、拓扑学性质及结合机制的不同，分为 16 个家族（Bode 等，1992），在植物中已发现其中的 7 个家族，包括大豆胰蛋白酶抑制剂的 Kunitz 家族和 Bowman-Birk 家族。胰蛋白酶抑制剂（Trysin Inhibitor，TI）生理功能主要有两个方面：一方面是营养的积累与贮藏，植物种子和营养器官如块茎中均已报道有大量蛋白酶抑制剂存在，含量可达总蛋白质的 1% ~ 10%；蛋白酶抑制剂与种子贮藏蛋白一样主要在种子发育过程中合成并积累，含贮藏蛋白较多的豆类植物成熟种子中，蛋白酶抑制剂含量也相当高；蛋白酶抑制剂一般在贮藏蛋白之前开始合成，种子成熟时，其抑制水平也达到最高含量。另一方面是防御作用，特别是抗害虫和病原体的浸染，当植物受到虫害和病原体的浸染时，植物细胞会产生超敏反应，使细胞代谢发生改变，诱导产生多种病原体相关蛋白（PRs），其中包括蛋白酶抑制剂，它本身还可作为贮存蛋白。质谱分析显示，与低镉积累基因型 W6nk2 相比，镉高积累基因型浙农 8 号其中 3 个高表达蛋白点为大麦的丝氨酸蛋白酶抑制剂 Z7（BSZ7）（表 3 – 3，U7、U8 和 U9），1 个蛋白点是大麦 Z – 型丝氨酸蛋白酶抑制剂（U6），高表达倍数在 5.4 ~ 12.6 之间。丝氨酸蛋白酶抑制剂特征是其酶活性中心含有丝氨酸和组氨酸残基，而组氨酸的咪唑基能与 Fe^{2+} 或其他金属离子形成配位键，促进铁或其他金属离子的吸收，因而在医学中可用于防治缺铁性贫血；同时，天然丝氨酸蛋白酶抑制剂的结构稳定性较高，其中二硫键对结构稳定性可能发挥了主要作用

（Bode 和 Huber，1992）。另外，α 淀粉酶/胰蛋白酶抑制剂 CM（U14）在浙农 8 号中特异表达，研究表明胰蛋白酶中含有丰富的含硫氨基酸（吕品，2007），而含硫氨基酸可以结合镉等金属离子，籽粒镉及其他金属元素含量结果显示，浙农 8 号籽粒中镉、铁、铜、锌和锰含量高于 W6nk2。

胁迫类相关蛋白 Rab4（U12）基因在籽粒高镉积累基因型浙农 8 中上调表达，Rab 蛋白家族是小分子 GTP 结合蛋白家族中最大的亚家族，目前发现的 Rab 家族成员已达 60 多种，各成员之间有相似的结构，它们在囊泡的形成、转运、粘附、锚定及融合等过程中发挥重要作用，Rab4 蛋白是 Rab 蛋白家族成员之一。已有研究表明，Rab5a、Rab5b 及 Rab5c 蛋白结合于 GTP 时均具有 GTP 酶活性，通过 GTP 酶循环来调节细胞内物质的转运，Rab5a 基因是对肿瘤侵袭与转移作用的新发现（马西敬，2008）。Rab4 基因在籽粒高镉积累基因型浙农 8 号里上调表达表明，其可能也是通过 GTP 酶循环来调节细胞内镉的转运，有利于植物对镉的吸收及转移并使植物对镉具有一定的耐性。

热激蛋白是一种分子伴侣，在有机体受到高温等逆境刺激后大量表达的蛋白，是植物对逆境胁迫短期适应的必须组成成分，对减轻逆境胁迫引起的伤害有很大的作用。热激蛋白除了因热休克刺激而产生以外，还有很多因素（如重金属、亚砷酸钠、氨基酸类似物、氧化性损伤等）可以诱导它们产生，不仅表现为在应激条件下维持细胞必需的蛋白质空间构象，保护细胞生命活动，以确保细胞生存，而且在未折叠新生多肽链、多蛋白复合物的组装和跨膜运输、转位、蛋白质降解，细胞内蛋白质合成后的加工过程，细胞骨架和核骨架稳定等基本功能方面发挥重要作用。部分热激蛋白还与脱水蛋白存在序列上的相似性，可以减轻冷胁迫对膜的伤害，减少溶质渗漏，抑制细胞脱水，从而增强组织的抗寒性（邵玲，2005）。本研究中，浙农 8 号中高表达蛋白 HSP70（U15）是热休克蛋白家族中最重要的一员，被称为主要热休克蛋白；它是在籽粒中积累了大量镉后被刺激参数的热激蛋白，在某种程度上使得浙农 8 号在积累镉的同时可以保持较强的耐性。浙农 8 号之所以能积累较多的镉并表现出比较强的耐性还由于它有其他几类蛋白质的上调表达，包括可以结合叫多镉的贮藏相关蛋白，胚胎球蛋白（U13），推定的燕麦蛋白前体（U16、U17），它是 α-淀粉酶的结合位点，其中球蛋白和谷蛋白是燕麦麸蛋白的主要组分，它们都具有贮藏营养物质的功能，表明这些贮藏蛋白的积累也参与了镉的积累过程。另外还有代谢相关蛋白高表达，例如生物糖代谢的关键酶苹果酸盐脱氢酶（MDH），编号 U2，它主要参与 TCA 循环、光合作用、C4 循环等代谢途径，叶绿体 MDH 主要在光合作用中固定二氧化碳（汪新颖等，2009）；MDH 在浙农 8 号中表达丰度的增强，一定程度上可以避免循环被阻断或破坏，为其在镉胁迫条件下的生长发育提供更多的能量。另外，苹果酸脱氢酶（MDH）可引起草酰乙酸盐的氧化作用以形成苹果酸盐，增加植物体内苹果酸的含量，从而显著提高植物体的耐酸性以及对金属毒害的抗性（王晓云和毕玉芬，2006）。以上蛋白质的存在再次证明了籽粒高镉积累基因型大麦浙农 8 号较低镉积累基因型 W6nk2 具有较强的耐性。

籽粒低镉积累基因型 W6nk2 可以积累很低镉或者几乎不积累镉，其内在机理尚不清楚。试验结果检测到 12 个表达受抑制蛋白点（浙农 8 号 *vs* W6nk2），即 6 蛋白点 W6nk2 特异表达，6 个蛋白点的表达量 W6nk2 显著高于高镉积累浙农 8 号。其中，4 个大麦蛋白酶抑制剂蛋白的表达量，籽粒低镉积累基因型 W6nk2 高于高积累浙农 8 号。胰蛋白酶抑制剂（trypsin inhibitor，TI）（D11），泛指具有抑制胰蛋白酶活性作用的一类物质，其分子量一般都比较小。还有大麦胰蛋白酶抑制剂蛋白 BTI-CMe2.1 蛋白（D1，D2）和 BTI-CMe2.2 蛋白（D12），也在 W6nk2 中高表达，除 D1 外，其他 3 个蛋白均在 W6nk2 中特异表达，它们属于谷类作物多基因家族胰蛋白/α 淀粉酶抑制剂类，在大麦胚胎中含量丰富（Garcia-Olmedo 等，1987）。Altpeter 等（1999）将大麦胰蛋白酶抑制基因 *BTI-CMe* 转入小麦，该基因对储存害虫麦蛾有较强的抑制作用，但对小麦叶面害虫作用不大。本实验中 BTI-CMe 在低镉积累基因型 W6nk2 中高度表达，表明大麦胰蛋白酶抑制剂不同家族成员有不同的功能，它们是否有利于缓解镉毒害及对金属离子有低积累功能有待进一步研究。3 个胁迫相关蛋白在 W6nk2 中表达量高于浙农 8 号。脱氢抗坏血酸还原酶（DHAR）（D3）其蛋白质评分为 100%；DHAR 是植物体清除活性氧、抵御外界氧化胁迫的重要循环系统植物抗坏血酸—谷胱甘肽循环中的关键酶，它可以谷胱甘肽为底物生成抗坏血酸，而抗坏血酸既可以作为一种有效的抗氧化剂清除植物体内活性氧，又可以参与抗坏血酸循环，亦可作为氧化还原载体，能使植物解毒和维持光合功能。脱氢抗坏血酸还原酶的表达影响细胞对环境 ROS 的反应和耐性，最终影响植物生长及叶片衰老率（Chen

和 Daniel，2006）。另外，还有其他差异表达的蛋白，例如中心粒周围蛋白（pericentrin B），它是中心体蛋白的一类，是中心体上的结构蛋白，参与中心体的结构，其序列中含有核外运输信号。蛋白和 mRNA 在细胞核和细胞质之间的运输称为入核和出核，它是维持细胞动态稳定的重要因素。入核和出核在核孔复合物上发生，它是嵌在核膜上的超分子多肽复合物。小分子和离子是被动扩散的，而蛋白和 RNA 的运输则需要信号介导并消耗能量。这些细胞成分的进核、出核是蛋白合成、细胞增殖和细胞凋亡的关键步骤。中心粒周围蛋白（D7）在 W6nk2 中高表达，可能有利于此基因型具有较强将镉转运出核的能力，暂时维持细胞稳定；但是在出核过程中消耗了大量能量，不能保证某些代谢过程顺利完成，使 W6nk2 基因型在低镉积累的同时对镉敏感。动力蛋白重链（D9）在籽粒低镉积累基因型中特异表达。胞质动力蛋白可将 ATP 高能磷酸键的化学能转化为机械能；动力蛋白依靠在微管上向负端的"行走"运输细胞内的货物。它也在细胞内膜细胞器（如线粒体，高尔基体）的运输中有重要功能，主要与细胞内介导沿微管从正极向负极的膜泡运输以及有丝分裂纺锤体动态结构有关。本实验结果表明，中心粒周围蛋白（Pericentrin B）和动力蛋白重链可能参与了细胞内重金属镉的运输。天冬氨酸 – tRNA 合成酶（D6）、谷氨酰胺基 – tRNA 合成酶（D10）在 W6nk2 中表达丰度较高，这两个酶分别参与了天冬氨酸和谷氨酰胺代谢，为氨基酸合成代谢提供了丰富的原料。二硫化物异构酶前体蛋白（PDI）（D5），参与蛋白质中二硫键的折叠，涉及糖基化，脯氨酰基的羟基化作用和甘油三酸酯的转移，催化 – S – S – 键在蛋白质中的形成、损坏和重组，具有多种功能。在高浓度时，它作为一个分子伴侣抑制错误折叠蛋白的聚合，但在低浓度时便于聚合。也有研究表明，PDI 在神经胶质瘤细胞入侵时起着重要的作用，并且它的作用被枯草杆菌抗生素有效的抑制（Goplen 等，2006）。本试验通过比较分析籽粒镉高与低积累大麦基因型，鉴定到的差异表达蛋白质在一定程度上反应了大麦籽粒高镉积累的机理，但是如何对所得到的蛋白质进行确认还需要我们利用蛋白印迹法等技术来进一步确认鉴定到得的蛋白质。

第四章　大麦籽粒镉低积累相关
基因特异表达分析

　　了解大麦镉吸收转运机制是通过基因工程和分子标记辅助育种方法调控大麦中镉积累及运输的基础。用传统的方法来研究某一种或某一类基因的行为和功能，已经不能发现其中的关键作用基因以及监测该基因或该类基因与其他基因的互作，迫切需要更强大直接的研究方法进行更全面更深入的研究。因此，基因芯片技术作为一项快速、稳定、高通量检测基因表达的有力工具为这方面研究提供了契机（Stears，2003）。如许州达等（2007）利用生物芯片技术筛选小麦耐旱相关基因；曹爱忠等（2006）利用大麦基因芯片筛选白粉菌感染后簇毛麦差异表达的基因，并结合 RT-PCR 技术对簇毛麦抗病机制进行了初步研究。近年来，cDNA 微阵列也被用于研究植物对干旱、温度、缺素、动物取食等逆境条件的应答反应（Maria 等，2009；Couldridge 等，2007；Yang 等，2008）。为了系统全面地研究大麦对镉胁迫的响应机制，发掘镉吸收积累相关的候选基因，探讨籽粒镉低积累相关分子机制，我们应用美国 Affymetrix 公司设计的大麦基因芯片（Barley1 Affymetrix GeneChip）技术，分析比较籽粒镉积累差异显著的 2 个大麦基因型在镉胁迫下基因表达谱的变化，最终筛选耐镉、低镉积累相关基因，并探讨大麦籽粒耐镉及低镉积累的分子机制。

第一节　材料与方法

一、植株培养

　　参试大麦基因型浙农 8 号（耐镉—籽粒镉高积累基因型）和 W6nk2（镉

敏感—籽粒镉低积累基因型），大麦幼苗培养方法同第二章。水培试验设 0（对照，基本培养液）和 5 μmol/L Cd 2 个处理。镉处理 15 d 后剪取植株第一张完全展开叶，液氮迅速冷冻，–80℃超低温冰箱保存待测。

二、芯片检测

1. 总 RNA 的提取（采用 Trizol 法提取，Trizol 试剂为 Invitrogen 公司产品）

①称取 0.1 g 大麦叶片，在液氮中用提前预冷的研钵研磨成粉末，加 750 μl Trizol 试剂研磨均匀；化冻后加入 750 μl Trizol 试剂研磨匀浆，吸 1.5 ml 混合液转至 2 ml 离心管中。

②加入 400 μl 氯仿，混匀 1 min，抽提 RNA，冰上静止 10 min。

③4℃ 12 000 rpm 离心 10 min。

④取上清液加 400 μl 氯仿，混匀 1 min，抽提 RNA，冰上静止 10 min。

⑤4℃ 12 000 rpm 离心 10 min。

⑥至中间液面无蛋白层时，取上清液加入等体积异丙醇，反复倒置混匀，冰上静置 15 min（或 –20℃过夜）。

⑦4℃ 12 000 rpm 离心 10 min。

⑧弃上清液，尽量去除。

⑨加入 1 ml 75% 乙醇（DEPC 水配，先配现用）洗涤，将沉淀弹起。

⑩冰上静置 10 min。

⑪4℃ 12 000 rpm 离心 10 min。

⑫弃上清液，尽量去除。

⑬风干，20～30 min 左右，至透明状（无菌操作台进行）。

⑭加 50 μl DEPC 水溶解沉淀，稍微离心，将逼上的离下去（–80℃保存）。

⑮取少量经电泳和分光光度检测是否可用。

2. RNA 的纯化

①提取的总 RNA 溶液中加入 RNA-Solv Reagent，充分混匀，室温放置 5 min。

②加入 200 μl 氯仿，剧烈振荡后来离心。

③将上清液转移到新的离心管中，加入等体积的 75% 乙醇，混匀后过 RNA 纯化柱，10 000 rpm 离心 15 s，弃滤液。

④向纯化柱中分别加入 RNA Wash Buffer Ⅰ 和 Ⅱ，离心并弃滤液。

⑤向纯化柱中加入适量 DEPC 水，并用干净的离心管回收 RNA 样品。

3. cDNA 合成

Ⅰ. cDNA 第一链的合成

①取总 RNA 1～8 μg，用 RNase-free Water 定容至 8 μl，加入 2 μl Poly-A RNA Controls 第三次稀释液和 2 μl T7-Oligo（dT）Primer，充分混匀，70℃ 温育 10 min，冰上静置并离心。

②按表 4 – 1 加入试剂：

表 4 – 1　cDNA 第一链的合成统计

Tabel 4 – 1　cDNA The first chain of synthetic statistics

成分（Component）	体积（Volume）
5 × 1st Strand Reaction Mix	4 μl
DTT, 0.1 mol/L	2 μl
dNTP, 10 mmol/L	1 μl
总体积（Total volume）	7 μl

充分混匀后，42℃ 温育 2 min。加入一定量的 SuperScript Ⅱ 至每个 RNA 样品中，使终体积为 20 μl。42℃ 水浴 1 h 后置于 4℃ 下冷却，离心后用于 cD-NA 第二链的合成。

Ⅱ. cDNA 第二链的合成

按表 4 – 2 制备 Second-Strand Master Mix，转移到每个 1st cDNA 反应体系中，充分混匀后，16℃ 温育 2 h。加入 2 μl T4 DNA Polymerase 到每个样品中，16℃ 温育 5 min，再加入 10 μl 0.5 mol/L EDTA，终止反应。

表 4 – 2　cDNA 第二链的合成统计

Tabel 4 – 2　cDNA The second chain of synthetic statistics

成分（Component）	体积（Volume）
RNase-free Water	91 μl
5 × 2nd Strand Reaction Mix	30 μl
dNTP, 10 mmol/L	3 μl

（续表）

成分（Component）	体积（Volume）
E. coli DNA ligase	1 μl
E. coli DNA Polymerase I	4 μl
RNase H	1 μl
总体积（Total volume）	130 μl

4. cDNA 纯化

①将 600 μl cDNA Binding Buffer 加入到合成的 cDNA 中，振荡 3 s 混匀。

②检查混合物的颜色是否是黄色，如果是则可进行下一步，如果是橙色或紫色，加 10 μl 3 mol/L pH 值为 5.0 醋酸钠，混匀，然后进行下一步。

③将 500 μl 混合液转移到 cDNA Cleanup Spin Column 管中，≥ 8 000 rpm 离心 1 min，弃滤液。

④将剩余的混合液也转移到同一 cDNA Cleanup Spin Column 管中，≥ 8 000 rpm 离心 1 min，弃滤液。

⑤将 cDNA Cleanup Spin Column 转移至新的收集管中，加 750 μl cDNA Wash Buffer，≥ 8 000 rpm 离心 1 min，弃滤液。

⑥打开管盖，最大转速（≤25 000 rpm）离心 5 min，弃滤液。

⑦将 cDNA Cleanup Spin Column 转移到新的 1.5 ml 收集管中，加 14 μl cDNA Elution Buffer。室温温育 1 min，最大速（≤25 000 rpm）离心 1 min，洗脱 cDNA。

5. cRNA 的合成及纯化

①通过 IVT 反应合成 cRNA，如表 4 - 3 所示，IVT 反应体系如下，混匀后，37℃温育 16 h。

表 4 - 3　cRNA 的合成及纯化

Tabel 4 - 3　The synthesis cRNA and passivation

试剂（Component）	体积（Volume）
Template cDNA	6 ~ 12 μl
RNase-free Water	8 ~ 14 μl
10 × IVT Labeling Buffer	4 μl

（续表）

试剂（Component）	体积（Volume）
IVT Labeling NTP Mix	12 μl
IVT Labeling Enzyme Mix	4 μl
总体积（Total volume）	40 μl

②cRNA 纯化。加 60 μl RNase-free 水，振荡混匀 3 s，再加 350 μl IVT cRNA Binding Buffer，振荡混匀。加 250 μl 无水乙醇到混合物中，用移液枪枪头充分混匀后，将混合液转移到 IVT cRNA Cleanup Spin Column 中，≥8 000 rpm 离心 15 s，弃滤液。将柱子转移至新的收集管中，加 500 μl IVT cRNA Wash Buffer，≥8 000 rpm 离心 15 s，弃滤液。再加 500 μl 80% 乙醇，离心并弃滤液。打开管盖，最大转速（≤ 25 000 rpm）离心 5 min，弃滤液。将柱子转移到新的 1.5 ml 收集管中，加 11 μl RNase-free 水，离心，再加 10 μl RNase-free 水，最大速（≤ 25 000 rpm）离心 1 min，洗脱 cRNA。

③cRNA 定量和检测。用紫外分光光度计测量 cRNA 的浓度以及 A260/A280，并计算 cRNA 产量。取 1 μg cRNA 用甲醛变性胶电泳检测 cRNA 片段分布范围。

6. cRNA 片段化

按表 4 – 4 制备片段化反应体系，充分混匀，94℃温育 35 min，之后立即将样品置于冰上。取 2 μl 片段化产物，用甲醛变性胶电泳检测片段化 cRNA 大小分布范围，标准 cRNA 片段大小分布在 35 ~ 200 nt。

表 4 – 4　cRNA 片段化

Tabel 4 – 4　The fragmentation of cRNA

成分（Component）	49/64 Format	100 Format
cRNA	20 μg	15 μg
5 × Fragmentation Buffer	8 μl	6 μl
RNase-free Water	使终体积为 40 μl	使终体积为 30 μl
总体积（Total volume）	40 μl	30 μl

7. 芯片杂交及数据分析

①大麦表达谱基因芯片由美国 Affymetrix 公司制备，它利用 84 个 cDNA

数据库中的 350 000 条高质量 ESTs，经 CAP3 组装及聚类分析，得到 26 634 contigs（重叠群），并结合 NCBI 数据中已知的 1 145 条大麦基因，设计了 22 795 个探针组。每个探针组由 11 对 25 个碱基的 DNA 片段组成，基因芯片采用特有的 PM-MM 设计，每对探针包括 1 个完全匹配的碱基片段（Perfect-Match，PM）和 1 个包含 1 个碱基错配的片段（Mis-Match，MM）。

②按芯片类型配制适当体积的杂交液，置于加热板块上，99℃ 温育 5 min，注入相应体积的 Pre-Hybridization Mix，将芯片置于杂交炉中，45℃ 60 rpm 旋转预杂交 10 min。预杂交结束后，吸出 Pre-Hybridization Mix，注入相应体积澄清杂交液，45℃ 60 rpm 旋转杂交 16 h。杂交结束后，吸出芯片中的杂交液，加入洗液，进行洗染。最后芯片置 Affymetrix 扫描仪上进行扫描。

③扫描结果使用 Affymetrix 公司 GCOS 软件进行数据均一化处理。将镉处理与对照组信号比值大于等于 2 的基因定义为上调表达基因，小于等于 -2 的定义为下调表达基因，介于 -2 和 2 之间探针则视为无差异表达基因。为了得到处理间和不同基因型间表达差异，我们进行了聚类分析。

三、RT-PCR 验证部分差异表达基因

大麦组织总 RNA 提取方法同上，使用 RQ1 DNase I 纯化总 RNA，并通过 Superscript TM 的 First-strand cDNA Synthesis 试剂盒合成单链 cDNA。PCR 反应体系为 25 μl，单管含有 12.5 μl 2×SYBR green，各 0.2 μl 上游和下游引物，11.1 μl 水和 1 μl cDNA 模板。PCR 反应程序：95℃，3min；95℃ ×30 s，循环 40 次，56℃ ×45 s，72℃ ×45 s。cDNA 产物用 Actin 引物作参照用于定量 RT-PCR，对照（0 μmol/L Cd，control）的表达设为 100%。引物序列见附录 1 基因芯片相关结果。

第二节　结果与分析

一、镉胁迫下大麦叶片基因转录水平的基因型差异

对芯片杂交信号结果分析发现，镉胁迫引起了大麦叶片基因转录水平发生变化，不同基因型间存在差异。5 μmol/L Cd 处理 15 d 后，与对照相比，

镉处理后有 812 个基因差异表达，籽粒低镉积累基因型 W6nk2 分别有 382 个和 131 个基因上调和下调表达；籽粒高镉积累基因型浙农 8 号有 306 个和 106 个基因上调和下调表达（P<0.05，差异表达倍数以正负 2 为界）。镉胁迫后，差异表达基因，在 W6nk2 和浙农 8 号中分别占总基因数的 2.3% 和 1.8%。彩图 2 表明，两基因型基因表达存在显著差异，W6nk2 中 382 个基因上调表达，其中 338 个基因在 W6nk2 中上调表达同时在浙农 8 号中无差异表达，占总基因数的 1.5%；其中 13 个基因在 W6nk2 中上调表达同时在浙农 8 号中下调表达，占总基因数的 0.06%。而且这些不同表达的基因有不同的功能。然而有 17.4% 的基因为未知基因。这些特异表达的基因中，有 18.6% 被鉴别到是胁迫和防御相关基因和蛋白，另外还有许多碳水化合物代谢相关基因、转录因子相关基因、光合作用相关因子等一系列的蛋白、酶等（图 4-1）。同时，有 249 个基因在浙农 8 号中上调表达但在 W6nk2 中不变，有 23 个基因在浙农 8 号中上调表达但在 W6nk2 中下调，有 65 个基因在浙农 8 号中不变但在 W6nk2 中下调表达，这些基因可能与大麦籽粒高镉积累与耐镉相关（彩图 2）。

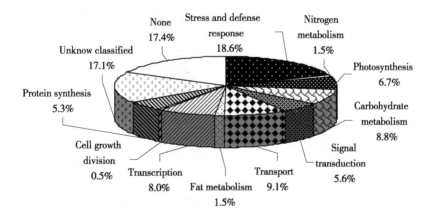

图 4-1　镉胁迫后全部差异表达基因功能分类比例饼状图

Figure 4-1　Functional categorization and the percentage of gene transcripts of the Cd-regulated genes

根据不同表达特征，可将差异表达基因聚为 4 类。第一大类基因在镉胁迫后的表达情况为在大麦籽粒低镉积累且镉敏感基因型 W6nk2 上调表达同时大麦籽粒低镉积累且耐镉基因型浙农 8 号下调表达或者不变，或者是在 W6nk2 不变同时在浙农 8 号下调表达，也即此类基因在镉胁迫后在 W6nk2 的表达情况要比在浙农 8 号中的高，它们可能是低镉积累相关基因；此类基因中有 27% 的是胁迫相关的，并且有 11% 是转运相关的（图 4 – 2 A）。第二大类基因在镉胁迫后在浙农 8 号中上调表达但是在 W6nk2 中下调表达或者不

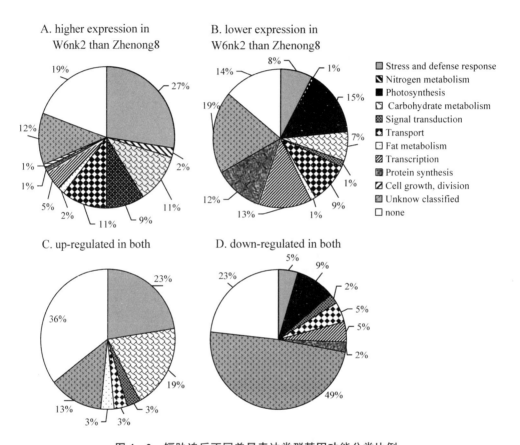

图 4 – 2　镉胁迫后不同差异表达类群基因功能分类比例

Figure 4 – 2　Functional categorization differential expression of

Cd – regulated genes in barley leaves

Functional categorization was performed using the agriGO methods. Pie charts show the distribution of different functional transcripts after exposing the plants to 5 μmol/L Cd for 15 days. （A）category1, up – regulated in W6nk2 and down – regulated or no change in Zheong8, or no change in W6nk2 and down – regulated in Zhenong8；（B）category2, up – regulated in Zhenong8 and down – regulated in W6nk2, or no change in Zheong8 and down – regulated in W6nk2；（C）category 3, up – regulated in both genotypes, （D）category 4, down – regulated in both genotypes.

变，或者在浙农 8 号中不变同时在 W6nk2 中下调表达；此类基因在镉处理后在浙农 8 号中的表达情况高于在 W6nk2 中，可能是和高镉积累或者耐镉相关，除了未知功能基因或者是未知基因之外，第一大类是光合作用相关基因，占 15%，其次是转录相关基因，占 13%（图 4 - 2 B）。第三大类基因在镉处理后在两基因型中均上调表达，此类基因主要是胁迫相关基因（占 23%），其次是碳水化合物代谢相关基因（占 19%），另外还有些未知基因（图 4 - 2 C）。同时，还有些基因是在镉胁迫后在两基因型中均下调表达，这类基因主要是未知功能基因或者是未知基因，其次是光合作用相关基因（9%），胁迫相关基因和转录、转运相关基因（均占 5%），同时，也有些蛋白质合成和信号转导相关基因等（图 4 - 2 D）。差异表达基因列表及其功能分类见附录 1。

二、镉胁迫诱导不同镉积累基因型大麦基因差异表达功能分析

对检测到的差异表达基因，Affymetix 公司数据分析中心已经对其中部分基因探针进行了功能注释。对未注释基因，我们通过 BLASTx 或 BLASTn 在 NCBI 数据库中进行同源检索注释，但是仍有些探针无法在 NCBI 数据库中找到同源序列。按照基因编码产物在生物体中的功能，我们将其进行了分类。

（1）镉胁迫后仅在籽粒低镉积累基因型 W6nk2 中上调表达的基因。

此类群基因和大麦籽粒低镉积累关系最密切，包括镉处理后在低镉积累且镉敏感基因型 W6nk2 中上调表达同时在高镉积累且镉敏感基因型浙农 8 号中下调表达或者不变的基因，及在 W6nk2 中不变但在浙农 8 号中下调表达的基因（彩图 3、图 4 - 1A、图 4 - 2A、表 4 - 5 和附录 1）。

其中，第一亚类包涵 45 个转运相关基因（彩图 3、图 4 - 4，表 4 - 5），植物体内不同的组织、器官及细胞器中普遍存在众多转运蛋白，调控植物对镉的吸收、转移和积累；5 μmol/L Cd 处理显著诱导了籽粒镉低积累基因型大麦 W6nk2 中大量转运相关基因的上调表达（表 4 - 5），它们可能与大麦籽粒低镉转运密切相关。包含 4 个 ABC 转运蛋白、3 个 Zn 运输蛋白（ZIP）、2 个 P 型 - ATPase、2 个植物铁载体转运蛋白、锌指蛋白 C2H2、钙网蛋白（CRT）、钾转运蛋白、铵运输蛋白、磷酸转运蛋白、多肽运输蛋白、单糖运输蛋白（MST）、蔗糖转运蛋白、己糖载体蛋白等各一个，另外还有糖蛋白类葡萄糖转移酶、果糖基转移酶、黄酮醇 3 - 硫转运酶和（邻）氨基苯甲酸盐

表4-5　镉胁迫下在 W6nk2 中上调表达且在浙农8号中下调表达或不变的转运相关基因列表

Table 4-5　Membrane transport related genes up-regulated in W6nk2 and down-regulated or no change in Zhenong8 after 15 days exposure to 5 mol/L Cd.

基因注释 Annotation	探针号 Probe ID	Fold change * (Cd treatment vs control)		NCBI 登录号 Accession No	E-value
		W6nk2	Zhenong8		
锌转运蛋白11 Zinc transporter 11 [A. thaliana]	Contig11777_at	3.75	-1.01	AAF79317.1	$7e^{-40}$
推定的锌转运蛋白 ZIP1 Putative zinc transporter protein ZIP1 [O. sativa (japonica)]	Contig16352_at	2.05	1.06	BAC21508.1	$3e^{-47}$
ZIP 转运类蛋白 ZIP – like zinc transporter [T. caerulescens]	HD12H12r_at	2.13	1.50	AAK69429.1	$2e^{-51}$
C2H2 锌指蛋白 C2H2 zinc finger protein [O. sativa]	Contig14114_at	2.89	-1.08	AAL76091.1	$2e^{-12}$
转运蛋白家族蛋白 ABC transporter family protein [A. thaliana]	Contig26036_at	2.96	1.14	NP_200978.1	$6e^{-31}$
推定的 ABC 转运蛋白 Putative ABCtransporter [O. sativa (japonica)]	Contig12753_at	4.14	-1.46	BAB93292.1	$4e^{-75}$
推定的 ABC 转运蛋白 Putative ABC transporter [A. thaliana]	Contig21659_s_at	2.87	-1.33	AAF98206.1	$1e^{-22}$
推定的 MRP 类转运蛋白 Putative MRP – like ABC transporter [O. sativa (japonica)]	Contig9422_at	2.38	-1.84	BAB62557.1	$1e^{-102}$
P 型 ATP 酶 P – type ATPase [H. vulgare]	Contig14075_at	2.11	-1.21	CAC40030.1	$1e^{-93}$
P 型 ATP 酶 P – type ATPase [H. vulgare]	Contig14715_at	2.03	1.28	CAC40028.1	$1e^{-18}$

（续表）

基因注释 Annotation	探针号 Probe ID	Fold change * (Cd treatment/s control)		NCBI 登录号 Accession No	E-value
		W6nk2	Zhenong8		
铁—植物铁载体转运蛋白 1 Iron-phytosiderophore transporter protein yellow stripe 1 [Z. mays]	HV_CEa0013E09r2_at	3.09	1.50	AAG17016.2	$2e^{-33}$
铁—植物铁载体转运蛋白 1 Iron-phytosiderophore transporter protein yellow stripe 1 [Z. mays]	Contig16464_at	2.08	1.30	AAG17016.2	$2e^{-95}$
推定的钾转运蛋白 Putative potassium transporter [O. sativa (japonica)]	Contig18758_at	4.65	1.37	CAD20994.1	$1e^{-94}$
推定的磷转运蛋白 Putative phosphate translocator [O. sativa (japonica)]	Contig20673_at	2.14	-1.27	AAK21346.1	$4e^{-78}$
推定的铵转运蛋白 Putative ammonium transporter [O. sativa (japonica)]	Contig22563_at	4.73	-1.49	BAB64105.1	$1e^{-100}$
单糖转运蛋白 Monosaccharide transporter 3 [O. sativa]	Contig5537_at	2.94	-1.24	BAB19864.1	$2e^{-95}$
类似于己糖载体蛋白 Similar to hexose carrier protein [O. sativa (japonica)]	HV_CEa001e24r2_s_at	2.08	-1.15	BAA83554.1	$2e^{-36}$
糖转运蛋白 13 Sugar transport protein 13 [A. thaliana]	Contig9662_at	2.07	1.22	NP_198006.1	$2e^{-81}$
多肽转运蛋白 Peptide transporter [A. thaliana]	Contig12317_at	2.47	1.52	NP_177024.1	$2e^{-49}$
推定的磷酸核糖邻氨基苯甲酸转移酶 Putative phosphoribosylanthranilate transferase [O. sativa]	Contig5883_s_at	2.26	-2.44	AAM19104.1	$4e^{-35}$
推定的黄酮醇 3-磺基转移酶 Putative flavonol 3-sulfotransferase [O. sativa (japonica)]	Contig12075_at	2.81	-1.24	AAN04969.1	$6e^{-34}$
非特异性脂质转移蛋白前体 Nonspecific lipid-transfer protein precursor [Malus domestica]	Contig12237_at	5.33	-1.11	Q9M5X7	$2e^{-09}$
推定的脂转移蛋白 Putative lipid transfer protein [O. sativa (japonica)]	Contig4414_at	2.53	1.67	AAN05565.1	$3e^{-25}$

（续表）

基因注释 Annotation	探针号 Probe ID	Fold change * (Cd treatments control)		NCBI 登录号 Accession No	E-value
		W6nk2	Zhenong8		
推定的转运蛋白 SEC61 β 亚基 Putative transport protein SEC61 beta-subunit [A. thaliana]	HM02003r_ s_ at	2.10	−1.08	NP_182033.1	$7e^{-05}$
果糖基转移酶 Fructosyl transferase [L. perenne]	rbah48h06_ s_ at	2.29	1.64	AAL92880.1	$6e^{-84}$
糖蛋白的糖基转移酶 Glycoprotein glucosyltransferase [A. thaliana]	Contig8758_ at	2.20	1.09	NP_177278.1	$9e^{-66}$
推定的邻氨基苯甲酸 N-benzoyltransferase Putative anthranilate N-benzoyltransferase [O. sativa (japonica)]	Contig15413_ at	2.73	1.48	AAM74310.1	$1e^{-27}$
谷胱甘肽转移酶 F3 Glutathione transferase F3 [T. aestivum]	HW09A20u_ at	2.13	−2.12	CAD29476.1	$1e^{-09}$
推定的谷胱甘肽转移酶 Putative glutathione S-transferase [O. sativa (japonica)]	Contig21026_ at	2.19	−1.70	BAB39941.1	$1e^{-66}$
谷胱甘肽转移酶 Glutathione transferase [T. aestivum]	Contig12776_ at	2.53	−1.65	CAC94004.1	$2e^{-62}$
推定的谷胱甘肽转移酶 Putative glutathiore S-transferase [O. sativa]	Contig4044_ at	2.22	−1.26	AAK38509.1	$3e^{-68}$
谷胱甘肽转移酶 GST22 Glutathione S-transferase GST 22 [Z. mays]	Contig9632_ at	2.90	1.57	AAC34830.1	$2e^{-60}$
推定的谷胱甘肽转移酶 Putative glutathione S-transferase [O. sativa (japonica)]	Contig6333_ at	2.50	1.04	AAN05495.1	$1e^{-63}$
谷胱甘肽转移酶 F5 Glutathione transferase F5 [T. aestivum]	Contig2456_ at	2.36	1.01	CAD29478.1	$1e^{-108}$
内质网结合蛋白 Calreticulin [H. vulgare]	rbags16g09_ s_ at	2.60	−1.03	T05705	$2e^{-18}$
推定的 Ras 相关蛋白 Rab Putative Ras-related protein Rab [O. sativa]	Contig8562_ at	2.05	1.02	AAM08543.1	$9e^{-91}$

（续表）

基因注释 Annotation	探针号 Probe ID	Fold change * (Cd treatmentvs control)		NCBI 登录号 Accession No	E-value
		W6nk2	Zhenong8		
萌发素类蛋白 Germin-like protein [H. vulgare]	Contig3156_s_at	3.11	1.03	T05956	$7e^{-36}$
草酸氧化酶 Probable oxalate oxidase [O. sativa]	Contig10860_at	4.86	1.20	T02923	$2e^{-41}$
Ras 相关 GTP 结合蛋白 3A Rabphilin-3A [Bostaurus]	Contig24950_at	2.25	1.44	Q06846	$5e^{-3}$
包含 ESTs C74435 的类似结瘤素蛋白 [O. sativa (japonica)] Contains ESTs C74435 ~ similar to nodulin [O. sativa (japonica)]	Contig1402_at	3.64	-1.35	BAC20892.1	$1e^{-70}$
推定的脂质转移蛋白 Putative lipid transfer protein [O. sativa]	Contig3776_s_at	1.49	-2.2	AAM74427.1	$2e^{-18}$
推定的磷酸丝氨酸氨基转移酶 Putative phosphoserine aminotransferase [O. sativa]	Contig5879_at	1.14	-2.08	AAM51827.1	e^{-115}
推定的 o-甲基转移酶 ZRP4 Putative o-methyl transferase ZRP4 [O. sativa]	Contig8812_x_at	-1.73	-3.47	AAL31649.1	e^{-61}
推定的长萜基磷酸甘露糖基转移酶 Putative dolichyl-phosphate mannosyltransferase [A. thaliana]	Contig17479_at	-1.27	-2.2	NP_177574.1	$3e^{-27}$
推定的丙氨酸乙酰转移酶 Putative alanine acetyl transferase [A. thaliana]	Contig15462_at	1.4	-2.44	NP_180763.1	$6e^{-27}$

* Genes induced in 5 μM Cd exposed leaves vs. unexposed control plants. Fold increase and decrease were calculated as treated/control and -control/treated by a factor ≥2.0 or ≤-2.0 for up and down -regulated genes respectively

（或酯）N – 苯（甲）酰转移酶，脂质转移蛋白（LTP）和非特异性脂质转移蛋白（nsLTP）等。例如，镉处理诱导锌转运基因 11 和推定的 ABC 转运蛋白分别在 W6nk2 中上调 3.75 倍和 4.14 倍，而在浙农 8 号中分别为 – 1.01 和 – 1.46。另外，还有两个大量元素转运蛋白（一个钾转运蛋白和一个铵转运蛋白）在 W6nk2 中上调表达，表达倍数分别为 4.65 倍和 4.73 倍。其中，ABC 转运蛋白是动植物体内重要的蛋白家族，参与多种物质的转运，而其中 *MPR* 和 *HTM/AMT* 2 个亚家族在抵抗镉胁迫中有重要作用（Zientara 等，2009）。据报道，细胞内的镉与谷胱甘肽（GSH）或植物螯合肽（PCs）结合，经液泡膜上的 ABC 转运体 *Ycf1p* 或 *HMT – 1* 运输进入液泡（Ortiz 等，1992，1995），进而形成富含硫的高分子量复合物（HLW），贮存在液泡中（Clemens，2006）。ABC 介导的跨膜运输依赖于 ATP 水解提供能量，ABC 转运蛋白的核苷酸结合域位于细胞质中，结合和水解 ATP。Bovet 等（2003，2005）研究表明，拟南芥 *MRP3* 基因表达受镉胁迫诱导，并指出它与镉的积累和解毒有关。在拟南芥中过量表达酵母 *Ycf1* 能提高植物的镉耐性，且叶片镉积累也显著增加。我们的芯片结果显示，低积累基因型 W6nk2 在镉胁迫下有 4 个 ABC 转运蛋白表达上调，由此可见，W6nk2 具有较强的镉扣押能力，从而阻止镉转移进入木质部流向籽粒的转移。另外，多个糖转运蛋白在 W6nk2 上调表达，它们主要负责糖在韧皮部的运输。糖转运蛋白具有双重功能，即糖载体和糖传感，为细胞提高有关糖的信息。糖在植物体内的转运直接影响到植物的生理活动，如光合作用和碳分配。其中，己糖转运蛋白为同向转运蛋白，单糖转运蛋白受很强的调节，单糖转运蛋白能对病菌侵入、创伤作出反应，从而使固定的碳重新分配；蔗糖转运蛋白在韧皮部装载过程中具有重要作用。

MTs 和 PCs 都是富含 cys 残基的蛋白质，两者的合成需要大量的氨基酸、氮以及硫。芯片结果显示，镉胁迫诱导了 W6nk2 叶片中氨和多肽运输相关基因的表达，但并没有发现直接与 MTs 和 PCs 合成相关的基因。因此，其籽粒中镉的低积累可能是由于 ABC 运输载体将 Cd – 复合物转移进入液泡从而降低细胞质内可转移的镉含量，或者是细胞内可能存在其他的镉螯合剂，有待进一步研究证明。相反，近年来研究发现 P 型 ATP 酶（HMAs）可能在镉进入木质部液流过程中起着重要作用（Axelsen 等，2001）。P-type ATPase 是一种通过水解 ATP 进行跨膜运输的运转蛋白；此酶是一个超级家族，存在于动物、植物及微生物中，在细胞膜系统上起离子泵的作用。其中，P_{1B} - ATPase 是与多种重金属离子如 Cd^{2+}、Cu^{2+} 和 Zn^{2+} 等跨膜运输有关的运转器，被称作重金属 ATPase 酶（Baxter 等，2003）。在植物中已经发现了一组称为非特异性脂转移蛋白的蛋白，虽然现在我们还不清楚它在体内的具体功能，但许多研究表明在体外它能结合并跨膜运输磷脂，糖脂和脂肪酸等，许多物种的 nsLTP 已经被分离出来，并且一级和高级结构都已经研究清楚，非特异性转移蛋白具有很高同源性，它们是碱性的富含半胱氨酸的蛋白质。nsLTP 在植物体内广泛存在并由一个基因家族编码，猜测 nsLTP 在植物体内可能有许多不同的功能。由于它能结合和转运脂类物质推测它可能参与植物体内许多不同的生理过程，如转运蜡质的角质单体到表皮细胞外侧，作为杀菌剂抵抗病原菌的入侵以及花粉和柱头的识别等，另外发现 nsLTP 对各种胁迫有很强的反应，干旱、温度的变化，盐渍化等非生物胁迫都能诱导其表达量迅速上升，但是 nsLTP 是定位在细胞壁中的一类蛋白，没有直接的证据表明它能体内转运脂类物质，尽管猜测它可能参与多种生理过程；推测它可能与转运有密切的关系。脂转移蛋白（lipidtransfer protein，LTP）不仅在转运脂类、形成角质等方面起作用，而且在植物防御反应中起重要作用，因此于 1998 年被命名为"病程相关蛋白 14"（Van 等，1999）。另外，钙网蛋白（calreticulin，CRT）是一种可溶性蛋白，在动物和高等植物体内普遍存在，是一个在内质网中的多功能蛋白，诸如钙离子平衡、细胞粘附和基因表达等。

Fe、Zn 等金属运输蛋白在植物细胞对镉的吸收中有重要作用（Connolly 等，2002；Clemens，2006），尤其是在缺 Fe 或 Zn 条件下诱导表达的运输载体，如 ZNT1、IRT1 等（Cohen 等，1998；Assuncão 等，2001）。芯片结果显示，镉胁迫下低积累基因型 W6nk2 中 ZIP1 基因上调表达。ZIP1 是在镉超积累作物遏蓝菜中找到的 Zn 运输蛋白之一，但不同于 ZNT 蛋白，ZIP1 基因在富含 Zn 的条件下表达高于正常或缺 Zn 条件下，且主要在叶片中表达，它与植物耐 Zn 相关（Assuncão 等，2001）。Van de Zaal 等（1999）认为 ZIP1 蛋白可能位于拟南芥的液泡膜上，因此镉胁迫下，ZIP1 基因表达的上调暗示叶片 ZIP1 转运蛋白可能参与了镉向液泡的转移。禾本科植物在缺铁胁迫下，根系分泌出麦根酸类植物高铁载体（MAs），这是一类低分子量的非蛋白氨基酸，

对 Fe^{3+} 有极强的螯合作用，活化土壤中难溶的三价铁化合物，然后在专一的转运蛋白的作用下将 Fe^{3+} – MAs 转运进胞质中。研究表明，MAs 不仅可以活化根际土壤中铁，也可以活化土壤中锌，显著提高锌在根际土壤中的移动性和在根系质外体中的累积量，从而提高植物对锌的吸收量（Zhang 等，1991；Walter 等，1994），从而降低其对镉的吸收量。所以可能高铁载体蛋白和镉的转运也有一定的关系，使 W6nk2 对镉的积累量减少。

第二亚类包含 106 个胁迫和防御相关基因，43 个碳水化合物代谢相关基因，还有 35 个信号转导相关基因（附录 1）。其中镉胁迫后在 W6nk2 中上调表达同时在浙农 8 号中下调表达的基因有：胁迫与防御相关基因有小麦铝诱导蛋白 wali 5，小麦铝诱导蛋白 wali 3，病程相关蛋白，蛋白酶抑制剂相关蛋白。其中，铝诱导产生的蛋白 wali 类已经有很多报道，它们对铝毒胁迫具有一定的耐性或与解毒有关（Zhao 等，2009）。人们将植物在病理或者病理相关的环境下诱导产生的特异性蛋白质统称为病程相关蛋白（PRs），PRs 不仅在受侵染部位积累进而抑制病原物的生长和蔓延，而且与植物系统性获得抗性（SAR）的产生相关。PRs 蛋白可由植物防御反应和重金属胁迫、病原物胁迫以及其他生物胁迫和非生物胁迫诱导产生的基因编码（Sarowar 等，2005；Liu 等，2006；Deng 等，2011）。PRs 的功能主要包括攻击病原物、降解细胞壁大分子释放内源激发子、分解毒素、结合或抑制病毒外壳蛋白质等。蛋白酶抑制剂从广义上指与蛋白酶分子活性中心上的一些基团结合，使蛋白酶活力下降，甚至消失，但不使酶蛋白变性的物质。蛋白酶抑制剂被认为有多种重要功能，它是一种植物内源调节器（Wang 等，2008），它参与许多植物防御机制，包括水分胁迫（Ledoigt 等，2006），还参与病虫害和病毒防御过程。因此，推测在植物中可能存在一些共同的抵御外界胁迫的机制。另外，还有转运相关基因、氨基酸合成相关基因和代谢相关基因，还有些未知基因得到了特异表达。重金属如铜、镉等可以通过一系列氧化反应诱导产生 ROS（reactive oxygen species），导致氧化胁迫及脂质过氧化从而诱导谷胱甘肽转移酶（Glutathione S-transferases，GSTs）的表达。GSTs 在植物体内普遍存在，是由一个大的多基因家族编码的多功能蛋白酶；也是一组多功能同工酶，其主要功能是催化某些内源性或外来有害物质的亲电子基团与还原型谷胱甘肽的巯基偶联，增加其疏水性使其易于穿越细胞膜，分解后排出体外，从而达到解毒的目的；可与许多卤代化合物和环氧化合物结合，生成含 GSH 的结合产物。GSTs 的表达还可以受多种环境因子的诱导，在植物的生长发育、次生代谢和耐逆中有重要作用。另外，还有磷酸核糖转移酶，次酶参与了糖代谢过程；当植物的根系受到胁迫时会影响到根部的呼吸作用，为了获得足够的能量，需要大量的糖类和有机酸参与其中，以适应环境胁迫，保障植物体正常的生命活动。依赖于谷氨酸的天冬氨酸合成酶 1，它参与天冬氨酸合成过程。色氨酸合成酶（TSase）催化色氨酸合成途径中的最后两步反应，在色氨酸合成过程中起重要作用。TSase 能催化吲哚与丝氨酸结合，脱水形成色氨酸。

第二亚类中在 W6nk2 中上调表达同时在浙农 8 号中无特异表达的基因中，除了转运相关基因外，还有病程相关蛋白基因，几丁质酶、过氧化物酶、类甜蛋白 TLP、β-1，3-葡聚糖酶等多次出现。PR 蛋白基因和类甜蛋白基因是由水杨酸介导的，表明水杨酸信号途径可能与大麦的耐镉性具有密切相关性。已经有研究表明，PR 蛋白参与了植物的诱导抗病性，特别是几丁质酶和 β-1，3-葡聚糖酶是植物潜在的抗病物质（王勇刚等，2002）。经镉胁迫诱导后，代谢相关基因上调表达。W6nk2 中上调表达的与苯基丙酸类合成途径相关的基因中，包括肉桂醇脱氢酶（cinnamyl alcohol dehydrogenase，CAD）、肉桂酰辅酶 A 还原酶（Cinnamoyl-CoA Reductase，CCR）、β 葡糖苷酶和过氧化物酶（peroxidase）等基因。这些基因同时上调表达，表明大麦经镉胁迫后诱导不同的苯基丙酸类合成途径被激活，苯基丙酸类合成途径在抗镉胁迫过程中起重要作用。肉桂酰辅酶 A 还原酶（Cinnamoyl-CoA Reductase，CCR）是苯丙烷代谢途径中的一个关键酶，此酶可能对苯丙烷代谢途径的碳流具有潜在的调控作用。肉桂酰辅酶 A 还原酶（CCR）和肉桂醇脱氢酶（CAD）是木质醇生物合成途径中的两个主要的还原酶。植物通过公共苯丙烷途径进入木质素特异途径来合成木质素，肉桂酰辅酶 A 还原酶（CCR）是木质素特异途径的第一个关键酶，它催化 3 种羟基肉桂酸 CoA 酯的还原反应，生成相应的肉桂醛，它对木质素单体成分的合成和含量具重要作用。木质素及许多相关产物在植物生物的或非生物的抗性中具有许多功能，因此，苯丙烷代谢途径对植物的生存和健康具有至关重要的作用。另外，还有乙醛脱氢酶、水解酶、葡萄糖基转移酶、磷脂酶，乙醇脱氢酶（ADH）是乙醛生物合成的关键酶之一。生成或清除活性氧（reactive oxygen species，ROS）的基因被镉诱导上调表达。草酸盐氧化酶和 germin 基因被诱导，

例如 *Germin* E 和 *Germin*-like 12 基因。*Germin* 与草酸盐氧化酶具有较高同源性，可以氧化草酸盐生成 H_2O_2（Zhou 等，1998），草酸盐氧化酶专一性的催化草酸降解为 H_2O_2。而 H_2O_2 是一种重要的活性氧，在抗病过程中起重要作用。*Germin* 基因在抗病过程中的作用可能就是由它氧化草酸盐产生的 H_2O_2 来介导。H_2O_2 能自由穿越膜系统，作为信号分子在调控镉胁迫下大麦籽粒保护酶活性等方面具有共同的信号通路。该研究同时发现很多清除活性氧的基因也被镉诱导表达，包括过氧化物酶、单脱氢抗坏血酸还原酶、过氧化氢酶、谷胱甘肽－S－转移酶和防御素（defensin），是近年来发现的一组富含半胱氨酸残基的抗菌肽，可以起到解毒的作用，它们主要存在于上皮组织中，构成机体抵御病原微生物侵袭的第一道化学屏障。

该芯片中在 W6nk2 中还有锌指蛋白，过敏诱导反应蛋白（HIR）和推定的过敏相关蛋白等上调表达，它们在 W6nk2 的表达倍数是浙农 8 号中的 3 倍左右。这些基因均可参与植物的防御反应，其中锌指蛋白作为真核转录因子，能够通过接受外界胁迫信号来激活或抑制某些基因的表达，使植物本身免于胁迫伤害（Shinozaki 等，2003），多属于植物的基础防御反应因子。HIR 与植物过敏性反应有关（Nadimpalli 等，2000），在植物防病系统中占重要地位，推测此类基因的表达量可能不足于抵抗镉毒害，相反正说明籽粒低镉积累基因型 W6nk2 比籽粒高镉积累基因型浙农 8 号对镉更加敏感。以上几类基因大部分参与解毒与转运过程，并且在籽粒低镉积累基因型 W6nk2 中上调表达，在籽粒高镉积累基因型浙农 8 中下调或者不变，揭示了籽粒高低镉积累的部分机理。

（2）镉胁迫后仅在籽粒高镉积累基因型中上调表达的基因

镉胁迫后在籽粒低镉积累基因型 W6nk2 中表达不变而在籽粒高镉积累基因型浙农 8 中上调表达的基因。其中，抗病及防御相关蛋白，如镉诱导蛋白类、HSP（热激蛋白）和蔗糖饥饿诱导的蛋白。热激蛋白是生物体在多种刺激下产生的一种蛋白质，其特点是分布广泛、表达具有多样性，主要起分子伴侣的作用，维持生物体正常生理功能。另外，还有叶绿体 L－抗坏血酸盐过氧化物酶（APX），抗坏血酸过氧化物酶（APX）是利用抗坏血酸（ascorbic acid，AsA）为电子供体的 H_2O_2 的清除剂。植物叶绿体和胞质中，一个主要的 H_2O_2 清除系统称为抗坏血酸——谷胱甘肽（AsA—GSH）循环，其中 APX 是关键的酶（Asada，1992），叶肉细胞的过氧化物酶体内广泛分布着过氧化氢酶（catalase，CAT），但在叶绿体中尚未发现 CAT 的存在，也未发现清除 H_2O_2 的 GSH、细胞色素 c 或吡啶核苷酸，而且 APX 对 H_2O_2 有更高的亲和力（Chen 和 Asada，1989），故认为叶绿体中的 H_2O_2 是由 APX 清除的；同时抗坏血酸氧化酶同时也是呼吸链的末端氧化酶，其活性和酶蛋白量对能量的产生和系统正常代谢的维持也很重要，还有醌氧化还原酶类蛋白；对于镉处理后较敏感的大麦基因型 W6nk2 的叶片，未必能使失调的功能系统全面修复，所以此基因无差异表达。3 个细胞色素 P450（基因在浙农 8 中也是上调表达，P450 是生物体内的一类重要的多功能的血红素氧化还原酶类，在防御生物免受外界不良环境影响方面起重要作用）。3 个 ATP 依赖的 Clp 蛋白酶 ATP 结合亚基前体，此基因已证明具有耐盐性（汪斌等，2007）。脱水蛋白（Dehydrin 7）在逆境下保护细胞免受伤害的作用机制主要包括：防止细胞免受脱水的作用；聚集在膜附近，稳定生物膜的结构；在低温下起防冻剂的作用；结合金属离子和清除自由基的活性等。好多个具有分子伴侣功能的 FKBP 型肽基脯氨酸顺反异构酶也在浙农 8 中高表达。茉莉酸诱导蛋白，在干旱逆境胁迫条件下，与脱落酸（ABA）的表现相似，茉莉酸类物质大量积累，外施能增强植物的抗旱性茉莉酸（酯）类物质是与抗性密切相关的植物生长物质，它作为内源信号分子参与植物在机械伤害、病虫害、干旱、盐胁迫、低温等条件下的抗逆反应。在植物受到伤害时，植物体内茉莉酸及其衍生物的含量显著增加，进而诱导一系列与抗逆有关的基因表达，如蛋白酶抑制剂、硫蛋白和苯丙氨酸转氨酶（PAL）等，提高酯氧合酶活性，从而增强植物的抗性。肉桂酰辅酶 A 还原酶（Cinnamoyl-CoA Reductase，CCR）是苯丙烷代谢途径中的一个关键酶，此酶可能对苯丙烷代谢途径的碳流具有潜在的调控作用。α-半乳糖苷酶，它可以增强动物的免疫功能和抗病能力。这些基因的上调表达，暗示它们对植物耐镉胁迫与镉转运有着一定的作用。

　　能量代谢中与光合有关的蛋白所占的比例也是相当高，例如 RuBisCO 大亚基、铁氧化还原蛋白、2 个 NADPH - 原叶绿素氧化还原酶、Mg 螯合酶亚基 XANTHA - F、原卟啉镁螯合亚基、胆色素原脱氨（基）酶、PsbQ 域蛋白家族 F7A19.23 蛋白 PsbP 相关的类囊体蛋白 4 等，尤其是 1，5 - 二磷酸核酮糖羧化酶/加氧酶（RubisCO）出现频率最高。1，5 - 二磷酸核酮糖羧化酶/加氧酶是一个双功能酶，在叶绿体基质中催化一对竞争性反应，即 CO_2 的固定和光呼吸碳的氧化（Yoshizawa 等，2004）。甘油醛－3－磷酸脱氢酶（GAPDH）是糖酵解（glycolysis）过程中的关键酶。醇脱氢酶（Alcohol dehydrogenase，简称ADH）是一种含锌金属酶，具有广泛的底物特异性。还有一类乙醇脱氢酶是含有铁离子的，它们作用不十分明显，主要存在于某些细菌和酵母中。生物遗传的许多证据表明，谷胱甘肽甲醛脱氢酶与 ADH3 一样，可能是整个乙醇脱氢酶家族的祖先。在酵母和许多细菌中，乙醇脱氢酶在发酵起着重要作用：从糖酵解产生的丙酮酸转化为乙醛和二氧化碳，随后乙醛在 ADHI 的作用下转化为乙醇；后一步的目的是重新产生 NAD^+，于是糖酵解的能量生成得以继续。天冬氨酸转氨酶 AspAT，又称谷草转氨酶，是苯丙酮酸转氨制备 L－苯丙氨酸的关键酶，是转氨反应的高效催化剂，并且对细胞中氮和碳的代谢起到非常重要的作用。腺苷二磷酸葡萄糖焦磷酸酶（AGPase），是植物中合成淀粉的关键酶。AGPase 催化 1－磷酸葡萄糖（GIP）与三磷酸腺苷（ATP）反应形成 ADPG，而ADPG 作为合成淀粉的直接底物，是籽粒发育过程中控制淀粉含量的酶。Preiss等（1991）认为，AGPase 为淀粉生物合成的限速酶，该酶活性大小直接关系到淀粉合成的速率和最终淀粉合成量的多寡。

推定的 ATP 硫酸化酶（ATP sulfurylase）能够催化腺苷酰硫酸（APS）与焦磷酸盐（PPi）反应生成三磷酸腺苷（ATP）与硫酸盐。核苷二磷酸激酶（NDPK）基因在进化中高度保守，却又呈现复杂多样的生物学功能。2 个钙依赖型蛋白激酶（CDPKs）。在植物细胞中，钙离子作为第二信使，通过钙依赖蛋白激酶（CDPKs）发挥功能是其传递信号的主要途径之一。CDPKs 可能在干旱和盐胁迫等逆境胁迫信号中起着正调节因子的作用，以调控植物中胁迫信号的转导。在 CDPKs 的生理功能的研究过程中，还发现许多运输离子的蛋白受 CDPKs 的调节，如质膜 H^+－ATPase（Schaller 和 Sussman，1998；Camoni 等，1998），液泡膜上的水通道蛋白（Johnson 和 Chrispeels，1992），质膜的内向 K^+ 通道等（Li 等，1998）。水通道蛋白（Aquaporin）2 是指细胞膜或液泡膜上，可减少水分跨膜运输阻力。水通道蛋白在白细胞参与抗肿瘤、抗感染过程中的作用及水通道蛋白在胚胎发育、组织损伤修复等诸多与细胞迁移相关的重要生理病理活动中的作用。GTP 结合蛋白是一类在细胞内的运输过程中重要的蛋白，参与细胞内一系列的信息传递过程，如跨膜信使物质的信号传递，光信号的传递，蛋白质的生物合成，细胞骨架组织的形成等，其共同特点是结合并利用 ATP。另外还有，核酸结合蛋白，葡聚糖内切 -1，3 -β-葡萄糖苷酶。N 多核糖体蛋白在浙农 8 号中上调表达。蛋白质合成、加工和储藏类中的核糖体蛋白是组成核糖体的成分，其主要功能是参与蛋白质的合成。它通过核糖体 RNA 折叠而使之处于最利于其执行翻译功能的构象状态，从而提高蛋白质生物合成的效率和准确度。核糖体蛋白还参与细胞增殖、分化和凋亡，在生物体的生长发育中起着关键性作用（Cameron 等，2004）。

三、镉胁迫诱导部分上调表达基因的 RT-PCR 分析

从籽粒低镉积累基因型 W6nk2 经镉胁迫后上调表达的探针中，挑选些转运相关基因，并从籽粒高镉积累基因型浙农 8 号经镉胁迫后上调表达的探针中，挑选抗性基因类似物或转运相关的探针并根据其序列设计引物，以两基因型大麦对照和镉处理样品的 cDNA 为模板进行 RT-PCR，验证基因芯片杂交结果的可靠性（表 4 - 1、图 4 - 3 和图 4 - 4）；结果表明基因芯片和 RT-PCR 相关性达

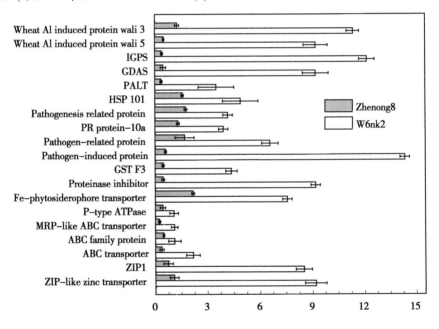

图 4 - 3　候选基因的 Real-Time PCR 分析

Figure 4 - 3　Quantitative Real-Time PCR analysis of candidate genes

The value represents the mean ratio of gene expression in the two

genotypes exposed to 5 μmol/L Cd /the controls not treated with Cd

63.0%，说明基因芯片结果是可靠的，并最终选定 ZIP 蛋白为低镉积累相关蛋白并将其克隆转化。

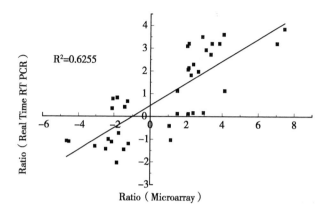

图 4 – 4　qRT-PCR 与基因芯片之间相关性分析

Figure 4 – 4　Correlation of qRT-PCR（log₂ scale）and microarrray data

The value represents the mean ratio of gene expression（log₂ scale）

in the two genotypes exposed to 5 μmol/L Cd /the controls not treated with Cd

第三节　讨　论

逆境胁迫影响植物的正常生长，导致作物减产，甚至绝收。提高作物的抗逆性一直是作物遗传育种学家追求的目标，大量研究也正试图揭示这一复杂的生物学机制。传统的从生理生化水平到单一基因的研究都难以揭示植物复杂的抗逆机制，而基因芯片（Gene chip）的应用使得这一目标成为可能，基因芯片从整个转录水平入手，能够揭示大量基因的表达和调控情况，同时结合蛋白质组学和代谢组学的研究方法，将基因定位于代谢途径的某个位置，寻找逆境胁迫响应的关键基因，完善植物逆境胁迫响应的分子网络，为今后利用生物技术手段提高作物抗逆境胁迫能力提供依据。基因表达分析的基础是基因在生命活动过程中有许多变化，由于基因表达与功能特异性一致，因而能够根据基因功能在某个特定生理阶段的上调和下调变化来推导基因功能（Lorkowski 和 Cullen，2003）。本研究采用基因芯片技术构建大麦基因表达谱数据库，检测到差异表达基因 562 个（镉处理 vs 对照），其中 W6nk2 和浙农

8 号中分别检测到 382/131 个和 303/106 个上调/下调表达基因。并用实时荧光定量方法验证了部分差异表达基因，结果与基因芯片一致。

本实验基因芯片结果表明籽粒低镉积累基因型 W6nk2 中含有大量解毒与镉转运相关基因，如 ZIP 蛋白基因家族、ABC 转运子、P 型 ATP 酶（HMAs）等。我们前期研究表明，锌镉互作可以缓解大麦镉毒害（Chen 等，2007）。而在分子水平上，镉对植物的毒害最终可以被膜转运相关基因调控，这些基因包括 ZIP 转运基因家族成员：锌转运基因 11 和锌转运基因 ZIP1 等，这些基因在镉胁迫后在低镉积累基因型 W6nk2 中上调表达；因此，ZIP 相关基因在植物微量元素（锌、铁、锰和铜）和植物非必需元素重金属镉的转运中起关键作用（Eide 等，1996；Pence 等，2000；Padmalatha 等，2008；Lin 等，2009；Milner 等，2013）。另外，ATP 结合盒转运蛋白（ABC）家族成员、外源化学物质和脂质类等和重金属镉的转运、在液泡中扣留、重新分配和平衡等相关（Bovet 等，2003；Kim 等，2007）。本研究表明，4 个 ABC 转运蛋白转录本在镉胁迫后在 W6nk2 中的表达倍数明显高于浙农 8 号（表 4-1），因此我们推测 W6nk2 的地上部和根系细胞较浙农 8 号具有更强的将镉扣押在液泡中或外排的能力，故其为籽粒低镉积累基因型。

重要元素转运蛋白，例如钾、铁和磷等转运蛋白在镉胁迫下对植物生长及其重要。P 型 ATP 酶（HMAs）可能在镉进入木质部液流过程中起着重要作用。另外，多个糖转运蛋白在 W6nk2 上调表达，它们主要负责糖在韧皮部的运输。细胞内的镉与谷胱甘肽（GSH）或植物螯合肽（PCs）结合，经液泡膜上的 ABC 转运体 Ycf1p 或 HMT-1 运输进入液泡，进而形成富含硫的高分子量复合物，贮存在液泡中。ABC 介导的跨膜运输依赖于 ATP 水解提供能量，ABC 转运蛋白的核苷酸结合域位于细胞质中，结合和水解 ATP。低积累基因型 W6nk2 在镉胁迫下有 4 个 ABC 转运蛋白表达上调，由此推测 W6nk2 具有较强的镉扣押能力，从而阻止镉转移进入木质部流向籽粒的转移。MTs 和 PCs 都是富含 Cys 残基的蛋白质，两者的合成需要大量的氨基酸、氮以及硫。芯片结果显示，镉胁迫诱导 W6nk2 叶片中氨和多肽运输相关基因的表达，但并没有发现直接与 MTs 和 PCs 合成相关的基因。因此，其籽粒中镉的低积累可能是由于 ABC 运输载体将 Cd-复合物转移进入液泡从而降低细胞质内可转移的镉含量，同时从另一方面来讲，这些转运相关蛋白在大麦籽粒高镉积累基因型浙农8号中下调表达将会导致镉转运到其籽粒中。

本研究也发现了许多基因在镉处理后在耐镉基因型浙农8号中上调表达（图4-5，附录1）。耐镉基因综合示意图可为大麦耐镉分子机理提供理论基

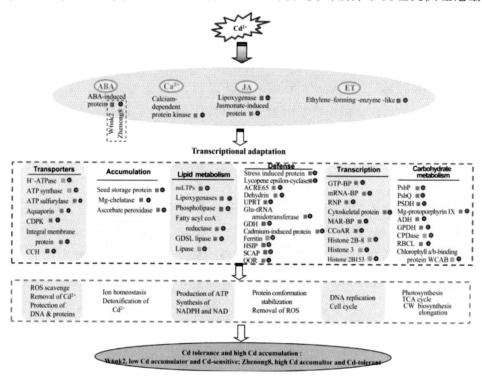

图4-5　大麦籽粒高镉积累与耐镉相关基因综合示意

Figure 4-5　Integrated schematic of the mechanisms involved in Cd high accumulation and tolerance

Red, grey, and green symbols represent genes that are up – regulated, unchanged and down – regulated by Cd (Cd vs control), respectively. Coloured squares and circles indicate barley genotypes W6nk2 and Zhenong8, respectively. ABA, Abscisic acid; ADH, Alcohol dehydrogenase; CDPK, Calcium – dependent protein kinase; CCH, Copper chaperone homolog; CCoAR, Cinnamoyl – CoA reductase; CPDase, Cyclic phosphodiesterase; GDH, Glutamate dehydrogenase; GAPDH, Glyceraldehyde – 3 – phosphate dehydrogenase B; GTP – BP, GTP – binding protein; HSIP, Hypersensitive – induced reaction protein; JA, jasmonate; MAR – BP, MAR – binding protein; mRNA – BP, mRNA – binding protein; nsLTPs, Nonspecific lipid – transfer protein; PSDH, phosphate dehydrogenase; QOR, Quinone oxidoreductase; RBCL, Ribulose – 1, 5 – bisphosphate carboxylase/oxygenase; RNP, Ribonucleoprotein; SCAP, Senescence – associated protein; UPRT, Uracil phosphoribosyltransferase.

础。29 个光合作用相关基因在镉处理后在浙农 8 号中上调表达而在 W6nk2 中下调或者不变，可能是由于这些基因的上调表达导致镉胁迫后浙农 8 号光合作用显著高于 W6nk2（第二章）。核酮糖 – 1，5 – 二磷酸羧化/加氧酶是植物中含量最高的蛋白质，它催化 CO_2 同化和光呼吸碳氧化的第一步（Spreitzer 和 Salvucci，2002）。本实验结果表明，编码核酮糖 – 1，5 – 二磷酸羧化/加氧酶的大小亚基均在镉胁迫后在浙农 8 号中上调表达，且表达倍数高于 20 倍；同时，其他编码 NADPH – 原叶绿素酸脂的氧化还原酶 B、PsbP 和 PsbP 相关的类囊体膜腔蛋白质也在镉处理后浙农 8 号中上调表达。

许多信号转导相关基因，比如编码茉莉酮酸酯（JA）和乙烯（ET）的蛋白质，钙依赖性蛋白激酶类等在镉胁迫后在浙农 8 号中上调表达，这些基因在非生物胁迫中的抗性作用已见报道（Padmalatha 等，2008；2012），JA，ET 和钙信号均可在植物适应各种胁迫反应中通过协同和拮抗作用发挥重要作用。Fuhrer 等报道在镉胁迫条件下，乙烯可以限制镉和水分进入豌豆叶片（Fuhrer，1982）；此外，在细胞反应过程中，钙离子结合蛋白钙调蛋白（CAM）可以介导第二信使发挥作用（Zielinski，1998）。镉可能会通过钙离子选择性通道或特定的跨膜转运蛋白，与钙离子竞争 CAM 结合位点进入细胞，从而降低植物感受外界胁迫的能力（Garnier 等，2006）。还有许多核糖体蛋白质类，病程相关蛋白质，H^+ – ATPase 和 ATP 合酶等均在镉胁迫后浙农 8 号中上调表达；这些耐镉基因的大量上调表达，导致了浙农 8 号较 W6nk2 具有较高的耐镉能力。

大麦基因芯片虽然包含了 2 万多个探针，但是有许多基因的功能未知，或者在各数据库中找不到与之匹配的基因。本研究中每一组试验筛选出来的基因都有部分功能未知基因，但它们并非垃圾基因，对这些基因进行深入研究，了解其在抗镉胁迫中的作用，将有助于对植物耐镉机制的进一步了解。

第五章　大麦籽粒镉低积累相关基因克隆

ZIP 转运蛋白是 ZRT，IRT-like protein 的缩写。据推测，大多数的 ZIP 家族成员都含有 8 个潜在的跨膜结构域，N 一端与 C 一端都位于质膜外层。ZR-TI 和 IRTI 是最早的被分离的 ZIP 家族成员。ZIP 家族蛋白功能是研究 Zn 在植物中转运的热点问题，而且有很多文献报道了它在 Zn、Fe 转运中所起到的载体作用。目前，有科学家认为，Zn^{2+} 和 Cd^{2+} 在植物的吸收和运输过程中有着密切的关系。在植物和哺乳动物中，有许多对二价转运金属离子例如镉离子（Cd^{2+}）具有吸收转运作用的转运子，例如在哺乳动物中，锌调控的转运子 ZIP 蛋白家族成员 ZIP8 和 ZIP4 可以转运 Cd^{2+}、Mn^{2+}、Fe^{2+} 和 Zn^{2+}（He 等，2006；Himeno 等，2009；Nebert 等，2009）；在植物中的研究比在哺乳动物中更早，转运 Fe^{2+}、Zn^{2+} 和 Mn^{2+} 的 ZIP 家族成员 AtIRT1 可以在拟南芥根系中调控镉的吸收（Connolly 等，2002；Vert 等，2002）。

在功能基因组研究中，需要对特定基因进行功能丧失或降低突变，以确定其功能。由于 RNAi 具有高度的序列专一性，可以特异地使特定基因沉默，获得功能丧失或降低突变，因此 RNAi 可以作为一种强有力的研究工具，用于功能基因组的研究。将功能未知的基因的编码区（外显子）或启动子区，以反向重复的方式由同一启动子控制表达。这样在转基因个体内转录出的 RNA 可形成 dsRNA，产生 RNA 干涉，使目的基因沉默，从而进一步研究目的基因的功能。根据所选用序列的不同，可将其分为编码区 RNAi 和启动子区 RNAi 技术。RNAi 代表一种非常有潜力的鉴定基因功能的方法。基因功能的鉴定是研究疾病机理和鉴定候选药物靶向的关键步骤，是将来人为控制、打开或者关闭细胞目的基因的基础。在植物逆境胁迫中，RNAi 技术也被广泛使用。我们前期基因芯片和 qPCR 结果表明镉胁迫后在籽粒低镉积累大麦基因型中 ZIP 基因上调表达，而在籽粒高镉积累大麦品种中表达不变，因此可以推测 ZIP 蛋白可能和镉积累和转运相关，为此我们利用 Gateway 克隆，并运用 RNAi 技术构建了此基因家族在大麦里发现的 4 个成员 *ZIP3*、*ZIP5*、*ZIP7* 和 *ZIP8* 的基因沉默表达载体。阳性克隆载体经 PCR 验证、酶切和测序鉴定；为了进一步研究 ZIP 家族不同成员之间及在不同大麦基因型间的表达差异和功能，并用农杆菌介导法转化此基因到品质较好的 Golden promise 里，以期进一步研究 *ZIP* 基因对大麦镉转运与积累的调控与影响。本试验进一步分离克隆其中低积累基因型 W6nk2 中上调表达的 *ZIP* 基因（锌调控的转运子 ZIP 蛋白），并运用 RNAi 技术研究了 *ZIP* 基因与大麦镉积累的相关性。

第一节　材料与方法

一、植株培养

参试大麦基因型（浙农 8 号、W6nk2）和大麦幼苗培养方法同第二章。试验设 0（对照，基本培养液）和 5 μmol/L Cd 2 个处理。镉处理 15 d 后剪取植株第一张完全展开叶，液氮迅速冷冻，−80℃超低温冰箱保存待测。

二、分子生物学载体与试剂

大肠杆菌（*Escherichia Coli*）DH5α 菌株（Invitrogen 公司产品），农杆菌 AGLO（丹麦奥胡斯大学遗传与生物技术学院 Eva Vincze 教授惠赠）。pENTR4 载体（Invitrogen 公司产品），pSTARGATE 载体由丹麦奥胡斯大学 Eva Vincze 教授惠赠，如图 5 - 1 所示。

Advantage 2 Polmerase Mix 购自美国 Clontech 公司，引物和 Gateway LR Clonase Ⅱ Enzyme Mix 是 Invitrogen 公司产品，dNTP Set 是 GE healthcare 产品。NEBuffer 2 是美国 NEB 公司 New England Biolabs 产品，Buffer Klenow 和 Klenow Fragment 是加拿大 Fermentas 公司产品，Xmn Ⅰ、EcoR Ⅴ、10 × ligase Buffer 和 T4 DNA ligase、Pst Ⅰ、Nco Ⅰ 均是 Promega 公司产品。质粒快速提取试剂盒为德国 Prime 公司产品，PCR 产物胶回收试剂盒和 Trizol 试剂、Super-Script Ⅱ 反转录酶、Dynabeads Oligo（dT）$_{25}$ 和 Oligo（dT）$_{12\sim18}$ Primer 等是 Invitrogen 公司产品，抗生素卡那霉素（Kanamycin）、壮观霉素（Spectinomy-

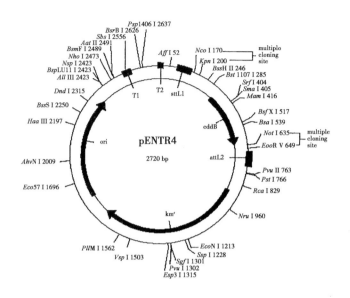

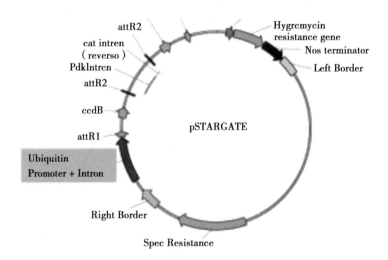

图 5 - 1　Gateway 克隆载体

Figure 5 - 1　Gateway cloning vectors

cin）、青霉素（Ampcilin）、特美汀（Timentin）、潮霉素（Hygromycin）和 BAP（6 - benzylaminopurine）是购自荷兰 Duchefa 公司，胰化（蛋白）胨和酵母提取物购自美国 DB 公司，琼脂购自德国 MERCK 公司，其他药品均购买自 Sigma 公司。

三、载体构建

1. mRNA 的分离

RNA 的提取、纯化和 cDNA 合成方法同第四章，总 RNA 图如图 5 - 2 所示。唯一不同在于，提取总 RNA 后，首先利用 Dynabeads（Invitrogen）分离 mRNA（具体方法见附录 2），然后进行 cDNA 合成；PCR 扩增目的基因片段。

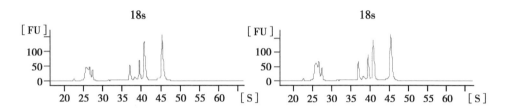

图 5 - 2　大麦总 RNA 的 Aglilent Bioanalyser 检测图

Figure 5 - 2　Total RNA analysed by Aglilent Bioanalyser

2. 载体构建中的回收和酶切

提取 pENTR4 载体的质粒，用限制性核酸内切酶 XmnI/EcoRV 双酶切后（图 5 - 3a），然后再回收 2 700 bp 的片段，准备与 PCR 片段连接（图 5 - 3b）。

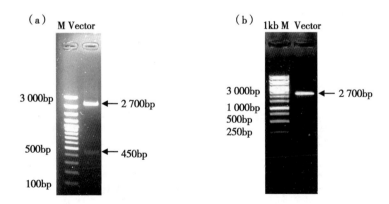

图 5 - 3　pENTR4 载体的酶切验证（a）及回收产物（b）

Figure 5 - 3　pENTR4 vector digested with XmnI and EcoRV（a），

and the product of ectraction from gel（b）

3. 大肠杆菌细胞的热激法转化

取出从 Invitrogen 公司购买的大肠杆菌 E. Coli DH5α 感受态细胞，放在冰上融化；每 100 µl 感受态细胞加入约 1 µl 质粒吸打均匀，在冰上放置 25 min；将离心管放置 43℃ 水浴，热击 5 min；快速将离心管转移至冰浴，放置 2 min；复苏：每管加 900 µl S. O. C. 培养基（感受态细胞试剂盒自带），在 37℃ 摇床温和摇动温育 60 min；取 100 µl 均匀涂于含有相应抗生素（BP 反应：50 µg/ml 卡那霉素，LR 反应：100 µg/ml 壮观霉素）的 LB 固体平板培养基上（附录 3），然后离心 1 min，倒去大部分上清液，将剩余的 100 µl 左右的悬浮细菌沉淀涡旋混匀，均匀涂于含对应抗生素的 LB 平板上：于 37℃ 培养 20 h 即可观察到转化的单克隆菌落。

4. 单菌落克隆的培养与筛选

挑取转化的单克隆菌落，接种于 5 ml 含有卡那霉素的 LB 液体培养基中，37℃ 170 rpm 震荡培养过夜（12~16 h）。取 1.5 ml 的悬浮细菌按照 Prime 公司质粒快速提取试剂盒方法提取质粒，质粒用 Pst I、Nco I 双酶切检验是否已插入基因片段，然后挑选插入的质粒送 Eurofins MWG Operon 公司测序。

四、Gateway 克隆

1. BP 克隆

通过 BP 克隆反应将含有 attB 接头的目的片段插入 pENTR4 载体构建 entry 克隆。

（1）ZIP 基因片段序列的扩增

Trizol 法提取总 RNA，用 Dynabeads 分离 mRNA，用 Invitrogen 公司试剂合成 cDNA。接着用 Advantage PCR mix，以籽粒高镉积累品种浙农 8 号和籽粒低镉积累品种 W6nk2 的 cDNA 为模板进行 PCR 扩增（扩增体系见附录 4）。

（2）ZIP 基因片段序列的回收以及与克隆载体的连接与测序

严格按照 Invitrogen 快速胶回收试剂盒方法回收 PCR 产物中目的片段。

将 ZIP 基因的扩增片段回收后，用大片段 Klenow DNA 聚合酶将其末端突出的 A 碱基补平，与用限制性核酸内切酶 Xmn I 和 EcoR V 双酶切后的克隆载体 pENTR4 Vector 连接，得到 ZIP—ENTR4 重组克隆载体，转化 E. coli，得到相应转化子。用含有卡那霉素的 LB 液体培养基培养转化子，提取质粒，用

Pst I 、Nco I 双酶切检验筛选转化子，最后送公司测序，测序用引物为载体 pENTR4 反向引物 Rev（pENTR）：GTAACATCAGAGATTTTGAGACAC。

2. LR 重组反应

通过 LR 重组反应将重组于 entry 克隆中的目的片段转移至实验中所选择的 Gateway 目标载体 pSTARGATE 中，构建实验所需要的 expression clone。将 expression clone 转化／转染至相应的表达系统中进行表达。

表达载体的获得：提取 ZIP—ENTR4 质粒与 Gateway 目标载体 pSTAR-GATE 连接（体系见附录4）过夜，然后加 1 μl 蛋白酶 K 终止反应，接着 37℃孵育 10 min。和 BP 反应中的转化方法一样，将其转化 E. coli。挑选单克隆菌落 LB + spec$_{(100)}$ 培养基培养，提取质粒再 PCR 扩增筛选，然后送公司再次测序确认。

五、农杆菌转化

1. 农杆菌感受态细胞的制备

取 0.5 μl AGLO 菌株接种于 2 ml YEB 液体培养基中，28℃剧烈振荡（速度 260 rpm/min）培养 48 h；将此 2 ml 菌液转入 50 ml YEB 液体培养基中，继续培养约 3 h 至在 595 nm 下时 OD 值为 0.5~0.8；转入无菌离心管，在 4℃下，3 500 rpm 离心 10 min，弃上清液；加入 1 ml 冰冻的 20 mmol/L CaCl$_2$ 重悬菌液；分装细胞悬浮液于已冰冻的 1.5 ml Eppendorf 离心管中，每管 100 μl，迅速放入液氮中冷冻片刻，−80℃冷冻贮存备用（可保存 6 个月）。

2. 农杆菌细胞的冻融法转化

取 100 μl 冰冻的农杆菌感受态细胞试样，最多加 5 μl 质粒 DNA（含约 1 μg DNA）；迅速转入 37℃解冻；在 37℃温浴 5 min（无震荡）；加入 1 ml YEB 液体培养基（附录3），并转移至 10 ml 离心管中，28℃ 260 rpm/min 震荡，预表达 2~4 h；取适当体积均匀涂布于含有抗生素 YEB 平板；28℃培养 2~4 d，即可观察到转化子。

挑取单菌落克隆（AGLO transformant）到 5 ml MG 培养基中 28℃培养 24~40 h。做 PCR 验证，挑取阳性 PCR 的克隆 1 个，将此菌液取 100 μl 加入 100 μl 30% 甘油（提前灭菌）。充分涡旋混匀，室温放置数小时，每 30 min 到 1 h 混匀 1 次。最后储藏于 −80℃待用。一般保存 10~20 管。

六、大麦未成熟胚转化（农杆菌法）

根据 Matthews 等（2001）的方法稍作修改。

1. 种子挑选及消毒

收集适当时期的 Golden Promise 幼穗（幼胚直径 1.5～2.0 mm）。从生长箱中挑取从半透明色向白色转化的麦穗回实验室待用；生长箱白天/黑夜周期为 16/8 h，温度为 15/10℃，自然生长。

去掉麦芒，剥离未成熟种子，将籽粒放入 100 ml 三角瓶中，用 70% 酒精表面消毒 2 min 后倒出酒精；用 1% 的次氯酸钠（加 1～2 滴的 Tween 20，可选择）溶液，用封口膜将三角瓶封好，磁力搅拌器上缓慢搅拌 20 min，使种子充分消毒；在通风橱中倒出此溶液，用无菌 Milli Q 水冲洗 5～7 次。

2. 农杆菌浸染幼胚

超净台上，将准备好的籽粒放在无菌培养皿中。将有胚的一面朝上，用镊子和手术刀切掉籽粒尖端，并从中部往下挤压，将胚从种子中挤出。用解剖刀粘一下农杆菌，然后在解剖镜下切除幼胚的胚芽、胚轴和胚根组织，将盾片置于 BCI 固体培养基上（切掉的一面朝上），并注意避免镊子接触到培养基。幼胚平展的置于培养皿中，每盘约 50 个，于 23±1℃ 暗培养。

3. 愈伤组织的诱导和保持

2～4 d 后，将胚转移至 BCI－DM 培养基。在培养基 BCI 上，农杆菌会生长于培养基上，完全覆盖胚上面的不能转移。10～14 d 后，转移胚到新BCI－DM 培养基继续培养。

4. 茎叶的诱导

在第二阶段的培养后，愈伤组织被转移到 FHG 培养基上，于 23±1℃ 光照培养。1 周后会有小苗开始形成，并将继续生还的愈伤组织转移至新的FHG 培养基中，2 周后会有更多小苗生成。

5. 幼苗生根

将幼苗转移到装有 BCI Cylender 的生根瓶中，于 24±1℃ 光照培养，3～4周后会有 3 条主根生成，并直接向下生长进入培养基；如果是根系生长于培养基表面的，则为没有转入基因的苗子，应丢弃。

6. 转基因植株的验证和培养

将植株移入土中，20 ± 1℃光照培养 1 周后，移入至温室正常培养。2 叶 1 芯时取功能叶提取 DNA 做 PCR 验证，阳性者为转基因苗，正常培养，收获种子。

第二节　结果与分析

一、大麦 ZIP 候选基因片段

根据大麦候选 *ZIP* 基因家族所有成员序列在 NCBI 的注释，通过 Blastn 比对的结果，选取 *ZIP* 基因保守序列区大约 300 bp 为特异片段，用 Primer5 软件设计引物。

二、大麦 RNAi 载体的构建

我们的构建策略是通过扩增的 *ZIP* 基因片段序列，分别正反向插入到内含子两端的 pSTARGATE 载体中。其载体结构示意图如图 5 - 4 所示。

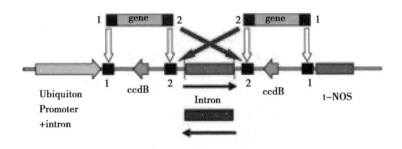

图 5 - 4　RNAi 载体示意

Figure 5 - 4　RNAi construction

1. *ZIP* 候选基因片段的克隆与测序

以 W6nk2 和浙农 8 号 cDNA 为模板，PCR 扩增片段用 1% 琼脂糖电泳检测，得到 300 bp 条带（图 5 - 5），将 *ZIP* 基因的扩增片段回收后，用 Klenow 聚合酶连接 attB 接头，然后用此目的 DNA 片段（两端分别含 attB1 和 attB2 位点）直接与酶切后的入门克隆载体 pENTR4 Vector 连接进行 BP 反应，得到

ZIP 重组克隆载体，转化 *E. coli*，转化子用 LB 液体培养基培养后提取质粒，用 Pst I，Nco I 双酶切检验（图 5 - 6），最后转化子送公司测序。结果说明 300 bp 的 DNA 片段与推断相符，将它与报道的基因片段比较，同源性在 81% ~99% 之间（附录 5）。

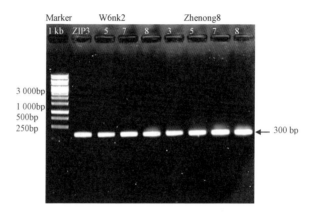

图 5 - 5 *ZIP* 基因的 PCR 产物

Figure 5 - 5 PCR fragments of ZIP coding genes

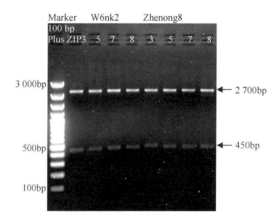

图 5 - 6 pENTR4 克隆的酶切验证

Figure 5 - 6 pENTR4 clones digested with PstI and NcoI

2. 表达载体 pSTARGATE 的构建与检测

经过 BP 反应的正确的中间载体可直接用于与含有 attR 位点的目标克隆载体 pSTARGATE 直接进行 LR 反应，以获得重组后的表达载体克隆。LR 反应后的表达载体克隆的鉴定仍然需要经过 PCR 筛选和测序确认。本书所用的基因沉默目的载体是单子叶植物构建基因沉默表达质粒中十分重要而高效的载体而被广泛应用（Fahim 等，2010），此载体是由 pHELLSGATE 载体修改完善而来，并和它一样利用同样的 Gateway™ 重组体系。本载体含有 ubiquiton 启动子，内含子是和耐潮霉素基因连在一起的。由于本实验需要构建与基因反向互补的结构，为了确保得到正确的基因沉默表达载体，本文在进行 PCR 筛选克隆时，采用目的基因单引物筛选法，以鉴定真正的阳性克隆。表达载体再测序后（序列见附录 5），采用农杆菌介导转化法转化至大麦 Golden prom-ise，从而获得目的基因沉默转化植株。

三、*ZIP* 基因 RNAi 载体的农杆菌转化

经确认后的转化子提取质粒，用于农杆菌 AGLO 的转化，用和前面鉴定目的载体转化子相同的 PCR 验证农杆菌转化子，确认后的转化子用于大麦转基因。

如彩图 4 所示，本实验进行在转基因第三阶段，即分化阶段，已长出转基因小苗；不同基因家族成员和不同基因型间没有明显差异。

四、大麦转基因植株 PCR 验证

经过转基因后存活的大麦植株，等长到 3 叶期的时候取少量叶片，用 CTAB 法提取基因组 DNA，以目标克隆载体 pSTARGATE 启动子区设计验证引物 UB1 和 UB2 进行 PCR 验证 UB1：CGACGAGTCTAACGGACACC，UB2：AAACCAAACCCTATGCAACG，扩增得到 320 bp 左右片段者为已转入 *ZIP* 基因植株，如图 5 – 7 所示。

PCR 验证后发现得到转基因植株共 48 个，分别是 *ZIP3*、*ZIP5* 和 *ZIP8*。其中，来自低镉积累基因型 W6nk2 中的 ZIP3 有 5 个，*ZIP5* 有 11 个，ZIP8 有 8 个；来自高镉积累基因型浙农 8 号的 *ZIP3* 有 3 个，*ZIP5* 有 5 个，*ZIP8* 有 12 个。*ZIP8* 转化效果最好，得到转基因植株最多，ZIP5 次之。

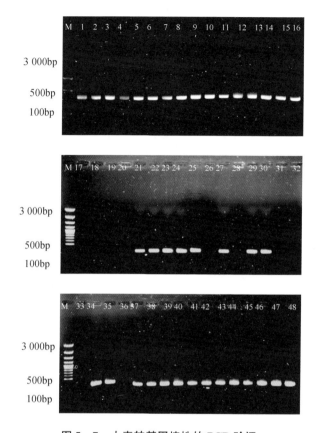

图 5 – 7　大麦转基因植株的 PCR 验证

Figure 5 – 7　PCR validation of barley transgenic plants

Lane 1 ~ 5：ZIP3 in W6nk2, Lane 6 ~ 16：ZIP5 in W6nk2, Lane 17 ~ 26：ZIP8 in W6nk2,

Lane 27 ~ 29：ZIP3 in Zhenong8, Lane 30 ~ 36：ZIP5 in Zhenong8, Lane 37 ~ 48：ZIP8 in Zhenong8

第三节　讨　论

逆境胁迫影响植物的正常生长，导致作物减产，甚至绝收。提高作物的抗逆性一直是作物遗传育种学家追求的目标，大量研究也正试图揭示这一复杂的生物学机制。本实验前一章基因芯片结果表明籽粒低镉积累基因型 W6nk2 中含有大量解毒与镉转运相关基因，如 ZIP 蛋白基因家族、ABC 转运子、P 型 ATP 酶（HMAs）等。

本研究中每一组试验筛选出来的基因都有部分功能未知基因，但它们并非垃圾基因，对这些基因进行深入研究，了解其在抗镉胁迫中的作用，将有助于对植物耐镉机制的进一步了解。随着大麦全基因组序列测序的进行，如何以其作为模式研究各种重要基因的功能成了亟待解决的问题。以往的化学物理诱导突变、T-DNA 插入突变、DNA 转座子等方法研究基因功能往往费时且效率较低。当前，基因沉默已为研究植物基因表达调控及鉴定基因功能提供了新的契机（Siomi，2009），如何构建植物基因高效沉默系统表达载体成为关键。本实验采用 Gateway 克隆体系，详细阐述了各个反应的过程以及各个阶段正确克隆的筛选和鉴定的方法，提出了相对科学和完整的确认克隆成功与否的评判体系，并最终成功构建了与大麦镉转运与积累紧密相关的 *ZIP* 基因的高效沉默系统表达载体。对于进一步探讨大麦镉转运与积累关联基因 *ZIP* 功能具有重大意义，同时也为研究其他相关基因提供借鉴。

Gateway 克隆的优势是操作简单且重组准确率较高，但因为随机插入等引起的假阳性也时有发生。中间载体 pENTR4 是进行下一步 LR 反应的基础，确保其真实可信是应用 Gateway 克隆技术的关键。关于中间克隆载体的鉴定，大多认为只需确认基因片段存在于载体中即可，采用的是 PCR 扩增目的基因片段的方法，此法虽说简单，但是并不能鉴定排除随机插入等非正确重组克隆。本文将技术加以改良，提出了一种新的更为准确可信的鉴定方法，即对于 PCR 鉴定的阳性中间载体克隆进一步进行双酶切鉴定。重组后的中间载体分别同样切下一条 2 700 bp 大小的条带和另外一条包含目的基因的条带。这进一步证明 BP 反应重组成功。经 PCR 和酶切验证后的中间克隆载体最终需要通过测序验证 PCR 扩增序列的准确率，确保获得完全正确的中间克隆，为后续 LR 反应奠定基础。

本书利用 Gateway 克隆技术构建的基因沉默双元表达载体，能直接用于农杆菌介导的植物转化，更为开启高通量 RNAi 技术研究植物基因功能之门提供了方法。实验具体操作中，通过 BP 反应得到正确的中间载体（pEntry clone）是该技术的关键。LR 反应可采用中间载体（pEntry clone）和目的载体（pSTARGATE）质粒直接反应，方便省时，反应时间以 16 h 左右为宜。中间载体除需 PCR 和酶切鉴定外，必须测序验证。RNAi 基因表达载体筛选时，注意其正确的基因插入方向并确保互补发夹机构的形成。基因沉默载体构建不需考虑基因的开放阅读框（ORF），只需克隆基因序列即可，在引物设计时比较简单。关于正确的中间和表达载体的鉴定是成功运用该克隆体系的关键，本实验在 PCR 鉴定时，筛选引物设计在母体载体上而非基因上，这样更有利于确保重组克隆的正确率，从而排除了随机插入等假阳性克隆。对于构建基因沉默表达载体时，由于需要验证基因的反向互补结构，为确认克隆的正确（目的基因的大小和方向），提出用基因上的单引物去进行 PCR 验证，这样便在扩增目的基因片段的同时又保证了基因在载体上反向互补方向的正确。酶切与测序是在 PCR 基础上更进一步确认克隆的正确性。

大麦转基因方法主要有电穿孔法、显微注射法、基因枪法（又称微粒轰击方法）和农杆菌介导法。其中，大麦的农杆菌介导法具有转化效率高、转基因拷贝数低、遗传稳定、转基因沉默现象少等优点（Travella 等，2005），是目前普遍常用的一种大麦转基因方法。首先，影响农杆菌介导大麦转化效率的因素很多，其中愈伤组织再生能力低是大麦转化的最大限制性因素之一；不同大麦基因型的再生能力差别较大，模式转化基因型 Golden Promise 的再生能力相对较强，是目前大麦转基因研究的主要材料。其次，未成熟胚的大小也对大麦转化效率有较大影响，通常 1.5 ~ 2 mm 直径的未成熟胚是最佳的转化外植体，太大不易被转化诱导出愈伤组织，而太小很难进行人工去除胚轴的操作，且容易出现农杆菌过量生长；另外还要多注意胚乳的状态，未成熟胚的胚乳应该是质地柔软，呈白色并含有很多水分（Harwood 等，2009），太成熟的胚不易诱导愈伤组织。

ZIP 转运蛋白是 ZRT，IRT-like protein 的缩写。据推测，大多数的 ZIP 家族成员都含有 8 个潜在的跨膜结构域，N-端与 C-端都位于质膜外层。ZRTI 和 IRTI 是最早的被分离的 ZIP 家族成员。ZIP 家族蛋白功能是研究 Zn 在植物中转运的热点问题，而且有很多文献报道了它在 Zn、Fe 转运中所起到的载体作用。目前，有科学家认为 Zn^{2+} 和 Cd^{2+} 在植物的吸收和运输过程中有着密切的关系。基因芯片和 qPCR 结果表明，镉胁迫后籽粒低镉积累大麦基因型 *ZIP* 基因上调表达，而籽粒高镉积累大麦基因型表达不变，因此可以推测 ZIP 蛋白可能和镉积累和转运相关，为此我们利用 Gateway 克隆技术构建了此基因家族在大麦里发现的 4 个成员 *ZIP3*、*ZIP5*、*ZIP7* 和 *ZIP8* 的基因沉默表达载体。阳性克隆载体经 PCR 验证、酶切和测序鉴定。为了进一步研究 ZIP 家族不同成员之间及在不同大麦基因型间的表达差异和功能，并用农杆菌介导法转化此基因到品质较好的 Golden promise 里，以期进一步研究 ZIP 基因对大麦镉转运与积累的调控与影响。但是本实验的不足之处是没有进行 ZIP 基因功能验证，所以下一步的工作有对转基因植株基因进行荧光定量 PCR 与测定其镉、锌等元素含量验证这一基因是否与镉锌转运相关；将收获的转基因植株种子再次繁殖，将幼苗进行不同浓度镉、锌处理，考察其生长情况，分析测定耐镉低镉积累相关性状，研究其对金属元素转运与吸收的影响；通过对 ZIP 基因过表达，进一步揭示耐镉低镉积累的分子机理。

第六章　不同大麦基因型悬浮细胞系的建立及耐镉性差异分析

镉在环境中的迁移性很强，从土壤到植物最后进入食物链对人类造成危害，而且其危险性很强。目前，镉胁迫对植物生理生化影响的研究大多集中在植株水平上进行，而细胞生理生化对镉胁迫是如何反应这一研究领域的探索却相对较少。悬浮细胞具备很好的均一性，并且对环境胁迫的反应更为敏感和直接；悬浮细胞在细胞水平上不仅用于克隆植物的繁殖，也用于植物生理生化和分子等方面研究。例如，离体植物细胞被广泛的用于光合作用（Sheen，2001），离子转运（Rao 和 Ravishankar，2002；Davey 等，2005），次生代谢产物（Dewitt 和 Murray，2003），细胞生长和分化（Ghelis，2008）及细胞程序性死亡（García-Heredia，2008）等方面的研究。近年来，拟南芥悬浮细胞被报道用于多细胞检测并用于基因表达研究（Menges 等，2003；Pesquet 等，2004；Pischke 等，2006）。

本实验以籽粒镉积累不同的大麦基因型（籽粒镉低积累基因型 W6nk2，籽粒镉高积累基因型浙农 8 号），和耐镉性不同的大麦基因型（耐镉基因型萎缩不知；镉敏感基因型东 17）为材料，在成功建立分散均匀、稳定的胚性悬浮细胞系的基础上，分析镉胁迫对大麦悬浮细胞生长影响及其基因型差异，及镉胁迫对不同基因型大麦悬浮细胞系生长的影响；并进一步利用大麦不同基因型单细胞悬浮系来验证本实验前期结果所得基因 *ZIP* 蛋白的表达情况。

第一节　材料和方法

一、大麦悬浮细胞系的建立

1. 大麦植株的培养

参试大麦基因型为萎缩不知（耐镉）、东 17（镉敏感）、W6nk2（籽粒低镉积累）和浙农 8 号（籽粒高镉积累），种子用 3% H_2O_2 消毒 20 min 后，用蒸馏水漂洗干净，室温浸种 2 h，然后播于装有土壤的盆钵内，置于 22/18℃（昼/夜）、自然光照的温室中生长。

2. 种子挑选及消毒

同第五章第一节材料与方法中六、大麦未成熟胚转化（农杆菌法）。

3. 愈伤组织的诱导和保持

超净台上，将种子置于无菌的培养皿中，用镊子和手术刀将幼胚从种子中取出。解剖镜下切除幼胚的胚芽、胚轴和胚根组织，将盾片置于 BCI 固体培养基上，于 23 ±1℃暗培养。最初每周继代 1 次，2 周后每隔 15 ~ 20 d 继代 1 次，继代 5 ~ 8 次后便可得到稳定的可以悬浮培养的胚性愈伤组织，如图 6 - 1 所示。BCI 培养基配方见附录 S5.4，用 KOH 调节 pH 值到 5.8，121℃高温高压灭菌 20 min。

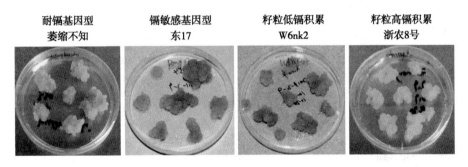

图 6 - 1　大麦愈伤组织形态

Figure 6 - 1　Callus of barley

4. 悬浮细胞系的建立与继代培养

在超净工作台上，选取疏松易碎的胚性愈伤 2 ~ 3g，用镊子将其破碎成小块，接种于含 50 ml BCI 液体培养基（附录 3）的 100 ml 三角瓶中进行悬浮培养。液体培养基的成分与固体培养相同，只是去除 Phytagel。培养过程中摇床转速为 100 rpm，培养温度为 23 ±1℃，暗培养。培养 3 d 后，加大约 30 ml 新的 BCI 液体培养基于三角瓶中；继续培养 10 d 后，用移液枪吸去约 1/3 的培养液，转移剩余的细胞及培养基至新的三角瓶中，并补充液体培养基至 100 ml。之后每 10 d 继代 1 次，每次继代，用移液枪吸取 20 ml 含小颗粒的悬浮细胞，转至另一无菌的 250 ml 三角瓶中，加入 80 ml 新鲜液体培养基。经过 3 ~ 5 次继代培养后，即可得到颗粒分散而均匀的悬浮细胞系。

二、细胞处理及分析测定方法

1. 细胞处理和取样方法

取上述 4 基因型大麦悬浮细胞各 10 ml，放入新培养基 30 ml 混匀后预培养 24 h，设置对照（Control，基本培养基）和 50 μmol/L Cd 处理。每个处理重复 3 次。

处理 0 h、5 h、24 h 后分别取样观察细胞形状，大小及存活率。并取 500 μl 用于蛋白质的提取及 Western 杂交。

2. 细胞活力检测

采用双醋酸盐荧光素（FluoresceinDiacetate，FDA）染色法鉴定细胞活力。制备 1 mg/mlFDA 丙酮的储备液，避光 −20℃ 保存备用。取 50 μl FDA 储备液用水稀释至 500 μl，即为 FDA 工作液。使用时，每 40 μl 悬浮细胞中加入 FDA 工作液 3 μl，混匀后用血细胞计数器压片在荧光显微镜（Zeiss Axioplan 2）下以激发光、检测光波长分别为 485 nm 和 530 nm 观察拍照并计数，产生绿色荧光的是有活力的细胞，不产生荧光的是死细胞。

细胞活力的计算公式为：细胞活力 = 活细胞数/（活细胞数 + 死细胞数）×100%

在统计细胞存活率时，每个处理重复 5 次，每次取 10 个视野进行计数。

3. 蛋白质的提取及 Western 杂交

（1）蛋白质的提取

在装有 500 μl 悬浮细胞培养物的 2 ml 离心管中加入 150 μl 提取液（10 g KH_2PO_4，13g $K_2HPO_4 \cdot 3H_2O$，385 mg DTT，加水至 500 ml），拧紧离心管盖子，室温下剧烈震荡 1 h。将匀浆 1 000 g 离心 8 min 后，取上清液用来测定蛋白质含量并电泳检测。

蛋白质含量用 Bradford 方法测定，以牛血清白蛋白（BSA）为标准蛋白；同第三章。

（2）SDS – PAGE 电泳

10μl 蛋白 + 5 μl buffer，100℃ 加热 10min，上样于 4% ~ 12% Bis – Tris 胶上（1.0mm，10 孔）。150 V 电压跑 60 min 后，在 50% EtOH，12% HAc 固

定 30 min，0.1% Coomassie Brilliant Blue R - 250 染色 30 min，10% HAc 退色。

（3）蛋白质印迹（Western blotting）分析

首先采用半干转膜技术将 SDS - PAGE 凝胶上的蛋白转移至 NC 膜上，从底部到上顺序依次是，较大尺寸的湿的 MM 纸（印迹液：20% 甲醇，25 mmol/L Tris 缓冲液 pH 值 8.0，0.05% SDS）、较胶稍大点的湿的 MM 纸、Wet、湿的 NC 膜（nitrocellulose）、在印迹液里洗过的 SDS - PAGE 胶、和胶同样大小的 MM 纸、盖子、压 1L 的瓶子一个。接着 48 mA，起初电压 3 V 45 min 后停止 10min，接着继续跑 35 min 后停止，检查是否所有的 Marker 都被转移至 NC 膜上，否则继续跑到全部转移完为止。

Western 步骤：利用 GeneScript QuickBlock 试剂盒。首先封闭非特异性印迹，将试剂盒里的溶液取 A、B 各 5 ml 混匀，将 NC 膜放入其中轻轻摇动 10 min；一抗结合，将 NC 膜放入含有 4 ml TBST + 含 2% 酪蛋白的 1 ml PBS，叠氮化钠 + 一抗（7 μl ZIP7，稀释 1 000 倍后）的溶液中，封闭后轻摇 60 min；先用 PBS 冲洗 1 下，然后在 TBST 中洗 10 min；二抗结合，25 ml TBST + 10 μl 二抗 rabbit IgG alkaline phosphatase conjugate（Promega），轻摇 60 min；TBST 中洗 10 min，接着 TBS 洗 1 次；显色反应，在 1 ml PBS 里溶化显色药丸 1 粒，稀释至 20 ml，放 NC 膜至此溶液里，轻摇 30 min 至 2 h，直到看到清晰条带。最后用流水冲洗后干燥并照相保存，扫描保存图像。

第二节　结果与分析

一、不同基因型大麦悬浮细胞系的建立

本实验采用直径为 2 mm 左右的幼胚为外植体进行愈伤诱导。幼胚的盾片接种到 BCI 固体培养基上 3 d 后，即可观察到盾片的底部（切除胚芽、胚轴、胚根的位置）发生愈伤化，之后盾片逐渐卷曲，而愈伤组织不断膨大。继代 1 周后，可形成直径 5 mm 左右的愈伤组织块，呈柔软水质状，乳白色（图 6 - 1），不同基因型没有明显形态学变化差异。

由稳定的愈伤组织成功获得悬浮细胞系，显微镜检测结果表明，悬浮细

胞系的细胞活力维持在60%左右。在悬浮培养初期，培养液中有大量形状不规则和长条形的细胞及一些细胞碎片出现；接着随着继代次数增加，此类细胞慢慢减少，悬浮物中出现分散性好、生长快的小细胞团和单细胞；3~4周后，每次继代吸取一定量的悬浮细胞至另一事先灭好菌的干净空三角瓶中，再加入液体培养基继续黑暗摇动培养，可以加快悬浮细胞的建立过程。经过3~5次继代培养后，不规则细胞逐渐被淘汰，形成淡黄色、分散均匀、稳定的胚性悬浮细胞系，此时细胞为圆形或椭圆形（彩图5）。每14 d更换1次培养基，此悬浮细胞可以保持6个月之久。

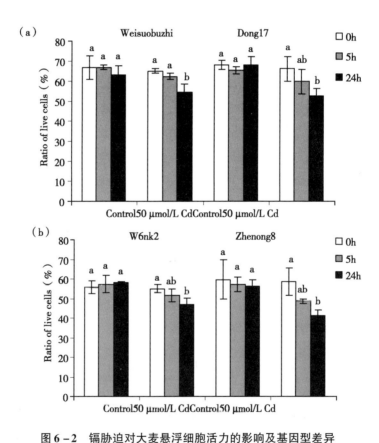

图 6 - 2　镉胁迫对大麦悬浮细胞活力的影响及基因型差异

Figure 6 - 2　Ratio of live suspension cells of four barley genotypes

（a：Cd tolerant and sensitive；b：grain Cd high and low accumulate）exposed to Cd for different hours

二、镉处理对大麦细胞活力的影响及基因型差异

图 6 – 2 表明，整个镉处理过程中，4 个基因型大麦悬浮细胞活力都维持在 40% 以上，且 50 μmol/L Cd 镉处理后细胞活力都较对照（0 μmol/L Cd）降低，镉处理时间越长，细胞活力降低程度越显著，在不同基因型间也存在差异；且随着时间的延长，对照细胞活力也有下降的趋势，只是未达到显著水平。不同之处，耐镉基因型萎缩不知[*]和镉敏感基因型东 17[**] 的细胞活力较高镉积累基因型浙农 8 号和低镉积累基因型 W6nk2 高，耐和敏感基因型细胞活力在 63.3% 和 68.2% 之间，而高低镉积累基因型在 56% 和 60% 之间。

镉处理 5 h 时，萎缩不知和东 17 两基因型的细胞活力亦达到 60% 以上，但处理 24 h 后，细胞活力降低至 55% 以下；而高低镉积累基因型则降至 50% 以下。这说明不能长时间处理细胞样品，否则对照细胞本身的活力太低，意味着细胞并非处于良好的生长状态，会干扰试验结果。因此，我们认为，以大麦细胞为研究体系的试验，以 50 μmol/L Cd 浓度处理，应尽量将处理时间控制在 1 d（包括 1 d）以内。Cd 处理或多或少地降低了大麦细胞活力，且这种抑制作用随 Cd 浓度的增加和处理时间的延长而加重。50 μmol/L Cd 处理 5 h，萎缩不知和东 17 的细胞活力分别比对照下降 6.9% 和 8.4%；50 μmol/L Cd 处理 24 h 后，其活力分别降低了 13.5% 和 22.4%。细胞活力对 Cd 胁迫的反应也进一步证实了萎缩不知的耐 Cd 性较东 17 强。50 μmol/L Cd 处理 5 h，W6nk2 和浙农 8 号的细胞活力分别比对照下降 9.8% 和 15.1%；50 μmol/L Cd 处理 24 h 后，其活力分别降低了 18.5% 和 26.2%；细胞活力对 Cd 胁迫的反应也进一步证实了浙农 8 较 W6nk2 积累了更多的镉。

三、镉处理对大麦细胞 ZIP 蛋白的影响及基因型差异

为了进一步验证前期试验结果中 ZIP 基因在镉处理后在大麦不同镉积累基因型中的表达，我们进行了 Western 杂交试验，预期的 ZIP 蛋白的分子量为 40 kDa。从图 6 – 3 SDS – PAGE 可以看出，在相同上样量（amount）条件下，

---

[*]　一个耐镉大麦品种
[**]　一个镉敏感大麦品种

虽然籽粒高镉积累基因型浙农 8 号悬浮细胞的对照 ZIP 蛋白条带较强，而在 50 μmol/L Cd 处理 5 h 和 24 h 后电泳条带明显变弱，特别是在镉处理 24 h 后；而籽粒低镉积累基因型 W6nk2 的电泳条带则没有明显的变化。从 Western 杂交结果图 6 - 3 可以看出两基因型悬浮细胞 ZIP 蛋白表达情况在对照和 50 μmol/L Cd 处理 5 h 后都有表达，没有明显的变化差异；但是浙农 8 号 ZIP 蛋白表达在 50 μmol/L Cd 处理 24 h 后没有表达，W6nk2 在 50 μmol/L Cd 处理 24 h 后 ZIP 蛋白仍然有表达，只是表达量下降。综上所述，在总的蛋白量一致的条件下，浙农 8 号 ZIP 蛋白量高于 W6nk2；经 50 μmol/L Cd 处理后 W6nk2 的 ZIP 蛋白表达量要高于浙农 8 号，这一结果与以前的基因芯片和荧光定量 PCR 结果一致，说明 ZIP 蛋白在低镉积累基因型中上调表达。

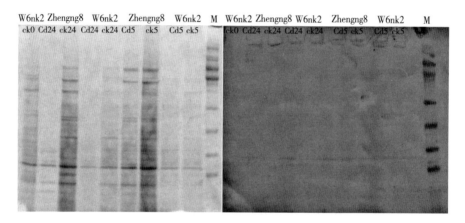

图 6 - 3　镉胁迫下大麦不同基因型悬浮细胞 ZIP7 蛋白 Western 杂交和 SDS - PAGE

Figure 6 - 3　Western blots and SDS - PAGE gel of the suspension culture

ZIP 7 protein identification from the salt soluble fraction of the suspension cultures

were performed by immune blotting: polyclonal ZIP 7 peptide antibody.

M: high protein molecular weight marker (Invitrogen Inc)

第三节　讨　论

目前利用固体琼脂培养基对植物的离体组织进行培养的方法在植物遗传实验中已经得到广泛的应用。但这种方法在某些方面还存在一些缺点，比如在培养过程中，植物的愈伤组织在生长过程中的营养成分、植物组织产生的代谢物质呈现一个梯度分布，而且琼脂本身也有一些不明的物质成分可能对培养物产生影响，从而导致植物组织生长发育过程中代谢的改变；而利用液体培养基则可以克服这一缺点，当植物的组织在液体培养基中生长时，我们可以通过薄层震荡培养或向培养基中通气用以改善培养基中氧气的供应。植物细胞的悬浮培养是指将植物细胞或较小的细胞团悬浮在液体培养基中进行培养，在培养过程中能够保持良好的分散状态。这些小的细胞聚合体通常来自植物的愈伤组织。

在大麦悬浮细胞培养方面的研究较少，用大麦悬浮细胞研究在逆境胁迫下大麦的生理及分子机理的更是鲜见报道（Dong 等，2010）。悬浮细胞培养作为一种研究技术和手段，为植物的逆境生理生化研究提供了一种新的方法和思路。悬浮培养的细胞易于操作控制，在逆境条件下，全体细胞所受胁迫程度一致，生理生化变化一致，便于检测观察。并且，培养的细胞在发育上是均一的，任何与胁迫有关的生理生化变化都代表着正在生长的变化；然而，完整的植株有不同组织和不同发育阶段的变化，同时植株还是一个异质的细胞群体，正在活跃生长的细胞比例很小。更重要的是，悬浮细胞的胚性可以令其很好地模拟完整植物中的细胞。因此，植物悬浮细胞培养具有其他技术无法比拟的优势，为深入研究植物的抗性生理生化和分子机制提供了便利的条件；本实验结果中镉处理的不同基因型大麦悬浮细胞在 Western 杂交和 SDS – PAGE 后能够看到预期大小的 ZIP 蛋白条带就是个强有力的证据。此外，悬浮细胞液可以用作基因表达的研究，及蛋白与蛋白的互作研究。但是值得注意的是，悬浮细胞与植株存在一定的差异，并不是所有在植株水平上表达的抗性都能在培养细胞水平上得到体现，因此，细胞试验的结论要在活体植株中验证，才能具有实用价值（Tanurdzic 等，2008）。

第七章　外源 NAC 对大麦镉毒害的
缓解效应及基因型差异

　　随着社会经济的发展，粮食安全问题越来越受重视，如何有效减轻大麦镉毒害问题受到了国内外学者的广泛关注。在对镉污染土壤进行改良的各种措施中，化学改良措施由于其操作便利和价格低而被广泛应用。常用的改良剂包括无机改良剂和有机改良剂两大类；其中无机改良剂主要有碱性改良剂、黏土矿物、拮抗物质等，有机改良剂主要有有机固体废弃物、有机质、天然提取高分子化合物等。

　　N–乙酰半胱氨酸（N-acetylcysteine，NAC）为一富含巯基的抗氧化剂，易进入细胞，脱乙酰基后成为谷胱甘肽合成前体，能促进还原型谷胱甘肽的合成（Dhalla 等，2000），而谷胱甘肽氧化—还原循环在机体内具有广泛的功能，是组织抗氧化损伤的重要内源性防御机制（Inserte，2000），可以螯合游离的重金属离子，将体内多余的铜等重金属排除。研究表明，NAC 具有清除和干扰自由基生成（无酶参加反应，无需像其他抗氧化剂需要在有酶的情况下才可起到抗氧化的作用）、调节细胞的代谢活性、预防 DNA 损伤、调整基因表达和信号转导系统、抗细胞凋亡等作用（Deflora 等，2001）。NAC 是一种半胱氨酸类似物，应用于许多药物治疗领域；也是一种含巯基的抗氧化剂。可促进谷胱甘肽氧化还原循环，直接清除 ROS（Kelly，1998；De Flora 等，2001；Wang 等，2006）。有关 NAC 缓解镉毒害的研究，在动物和人类研究中已经有大量报道（Wang 等，2006；Zembron-Lacny 等，2009）。施用外源 NAC 是否能有效缓解植物的镉毒害？这是一个值得研究的问题，迄今未见报道。这不仅可从另一侧面探讨镉的毒害机制，而且具有重要的实用价值，但是，尽管近年来国内外对镉对大麦等作物的毒害效应进行了广泛研究，而有关 NAC 对大麦镉毒害的缓解效应迄今仍缺乏研究，本研究采用前期筛选获得的耐镉差异显著的大麦基因型，进行 50 μmol/L Cd 处理，并在镉处理的同时添加 NAC，以探讨 NAC 对大麦镉胁迫的缓解作用及基因型差异。

第一节　材料和方法

一、试验设计

参试大麦基因型为萎缩不知（耐镉）和东 17（镉敏感），幼苗培养及水培方法同第二章。设 4 个处理：第一，对照（Control），基本培养液；第二，NAC；第三，Cd，50 μmol/L CdCl₂；第四，Cd + NAC，50 μmol/L CdCl₂ + 200 μmol/L NAC。采用裂区设计，以处理为主区，基因型为副区，随机排列，重复 3 次。

二、分析测定方法

镉处理 7 d 后进行考察分析如下指标。

（1）生长性状考查

同第二章第二节材料与方法中一、试验设计有关分析测定项目及方法的内容。

（2）SPAD 值测定

用 SPAD – 502 叶绿素含量测定仪直接测定。

（3）元素含量测定

测定根系和地上部镉、锌、锰、铜含量，测定方法同第二章第二节材料与方法中一、试验设计有关分析测定项目及方法的内容。

（4）细胞超微结构观察

分别取 1 mm² 的叶片或 1 ~ 3 mm 长的根尖，加 2.5 % 戊二醛溶液，抽真空使叶片和根系完全浸在固定液戊二醛中固定过夜，再经过 1% 锇酸固定，用磷酸缓冲液冲洗并经乙醇梯度脱水，然后用包埋剂梯度渗透，包埋后超薄切片并用柠檬酸铅和醋酸双氧铀各染色 15 min，在透射电镜（JEM – 1230）下观察和拍照。

（5）根系死细胞 PI 染色

将收获的大麦根系在 20 mmol/L Na$_2$ – EDTA 中解吸附 15 min，然后用去离子水冲洗 3 次，去除吸附在根系表面的镉离子；利用 PI 染料在黑暗条件下染色 30 min。PI 染液配置：将 PI 溶于 PBS（pH 值为 7.4）中，终浓度为 100 μg/ml；用棕色瓶 4℃ 避光保存。随后利用 PBS 缓冲液或蒸馏水洗涤 3 次，每次 5 min，去除多余的荧光染料。利用激光扫描共聚焦显微镜（CLSM 780；Zeiss，德国）进行观察并拍照，激发光和检测光波长分别为 488 nm 和 538 nm。

（6）O$_2$·⁻ 组织化学染色及 MDA 含量的测定

参照 Romero-Puertas 等（2004）的方法使用 0.1% NBT 进行染色对叶片进行 O$_2$·⁻ 组织化学染色。MDA 含量参照 Wu 等（2003）的方法测定。

（7）抗氧化酶系（SOD、POD、CAT、APX、GR 和 GPX）测定

参照汪芳（2006）的方法测定。

（8）可溶性氨基酸含量测定

将收获的新鲜大麦根系和叶片样品冷冻干燥至恒重，准确称量约 100 mg 左右，分别放入水解管中加 5 ml 6 mol/L 盐酸，充入高纯氮气密闭封口，将水解管放在 110℃ 恒温干燥箱内水解 24 h。冷却后，开管、定容至 100 ml、过滤，取 2 ml 的溶液置 60℃ 水浴加高纯氮气吹干，加入 2 ml 样品稀释液（0.02 mol/L 盐酸）将样品稀释，超声波震荡帮助溶解，用注射器清洗蒸馏瓶壁，均匀后 0.22 μm 水相微孔滤膜过滤到进样瓶中，用日立 L – 8900 自动氨基酸分析仪分析测定可溶性氨基酸含量，进样量 20 μl。

第二节　结果与分析

一、外源乙酰半胱氨酸（NAC）对镉胁迫大麦生长的影响及基因型差异

大麦幼苗在 50 μmol/L Cd 处理 7 d 后根的颜色开始发黄；地上部茎叶叶尖开始失绿，叶片脆弱易断，植株与对照相比生长矮小；基因型间存在显著差异，敏感基因型东 17 毒害症状尤其明显，表现为植株严重矮化，叶片明显发黄。SPAD 测定结果表明，镉处理后两基因型 SPAD 值都显著降低，特别是敏感基因型东 17 比对照显著下降 27.6%，表明镉处理导致大麦叶片叶绿素的

降解。添加 200 μmol/L NAC 后（Cd + NAC 处理），两个大麦基因型叶片的叶绿素含量较 Cd 处理都有所上升；萎缩不知在 Cd + NAC 处理下的叶绿素含量恢复到了对照水平，而单 NAC 处理对植株 SPAD 值无显著影响（表 7 - 1）。

分析测定株高、根长以及干物质积累量结果显示，50 μmol/L Cd 处理 7 d 后耐性基因型萎缩不知和敏感基因型东 17 的根长分别比对照显著下降 36.2% 和 41.3%（表 7 - 1），根系干重分别比对照下降了 41.8% 和 60.4%；地上部的生长也受到显著抑制，其中敏感基因型尤为严重。添加 200 μmol/L NAC 后，大麦幼苗镉毒害症状得到显著的缓解，但仅耐镉基因型萎缩不知地上部和根系干重恢复到对照水平，与单一 Cd 处理相比。在无镉条件下添加 NAC 对两个基因型的生长都没有显著效应。

二、外源 NAC 对不同大麦基因型镉吸收和积累的影响

镉处理 7 d 后 2 个基因型的地上部镉含量存在显著的差异，耐性基因型萎缩不知显著高于镉敏感的东 17（P < 0.01）。耐性基因型地上和地下部的镉含量也分别比敏感基因型高 18.7% 和 6.2%（表 7 - 2），外源 NAC 的添加显著降低了 2 个基因型地上和地下部镉含量，但是单独添加 NAC 对两基因型地上部和根系镉含量并没有显著的变化。

表 7 - 1　NAC 对镉胁迫下不同大麦基因型生长的影响

Table 7 - 1　Effect of external N-Acetyl-cysteine supply on growth of two barley genotypes exposed to Cd after 7 days

Treatment	SPAD value		Plant height (cm)		Shoot dry weight (mg/pl)		Root length (cm)		Rootdry weight (mg/pl)	
	WS	Dong17	WS	Dong17	WS	Dong17	WS	Dong17	WS	Dong17
Control	32.7a	33.9a	35.1a	36.3a	48.7a	58.9a	21.8a	20.1a	14.6a	14.4a
NAC	32.8a	32.9a	36.8a	38.5a	49.4a	57.8a	19.4ab	20.3a	13.7a	14.3a
Cd	28.4b	24.5c	20.1c	22.3c	26.4b	20.7b	13.9c	11.8b	8.5b	5.7b
Cd + NAC	33.9a	30.9b	35.1b	29.3b	45.2a	48.2ab	17.4bc	14.5ab	15.6a	10.8ab

Data were means of three independent replications. abc, different letters indicate significant differences（P < 0.05）among the 4 treatments and refer to each subset of data. Control, NAC, Cd and Cd + NAC correspond to basic nutrition solution（BNS）, BNS + 200 μmol/L NAC, BNS + 5 μmol/L Cd, and BNS + 50 μmol/L Cd + 200 μmol/L NAC, respectively

表7-2 NAC对Cd胁迫下不同大麦基因型幼苗Cd含量的影响

Table 7 - 2   Effect of external NAC supply on Cd concentration （μg/g DW） in shoots and roots of two barley genotypes exposed to Cd after 7 days

Treatment	Shoot			Root		
	Weisuobuzhi	Dong17	LSD0. 05	Weisuobuzhi	Dong17	LSD0. 05
Control	0. 5c	0. 3c	ns	1. 0c	0. 8c	ns
NAC	0. 3c	0. 5c	ns	0. 8c	0. 6c	ns
Cd	43. 9a	35. 7a	* *	345. 1a	323. 6a	* *
Cd + NAC	20. 7b	13. 8b	* *	153. 1b	135. 9b	* *

Data were means of three independent replications. abc, different letters indicate significant differences （P < 0. 05） among the 4 treatments and refer to each subset of data. * and * *, significance at the 0. 05 and 0. 01 probability level between genotypes, respectively. ns, non significance at 0. 05 probability level. Control, NAC, Cd and Cd + NAC correspond to basic nutrition solution （BNS）, BNS + 200 μmol/L NAC, BNS + 5 μmol/L Cd, and BNS + 50 μmol/L Cd + 200 μmol/L NAC, respectively

三、外源 NAC 对镉胁迫大麦微量元素吸收和分配的影响及基因型差异

表7-3 显示，不同处理下 Zn、Cu 和 Mn 3 种微量元素在两基因型地上部和根系中含量是不同的。单独 NAC 处理降低了耐性基因型萎缩不知地上部对 Mn 的吸收，而增加了敏感基因型东 17 对 Mn 的吸收；Zn 吸收和分配也存在显著的基因型间差异，耐性基因型与对照比无显著差异，镉敏感基因型根系 Zn 含量显著下降。NAC 处理下，两个基因型 Cu 含量都显著降低，仅降低比率有所差异（表 7-3）。Cd 处理显著影响了植株对 Zn、Mn、Cu 的吸收和分配；敏感基因型东 17 地上部和根中的 Zn、Cu、Mn 含量分别比对照下降了 20.8%、64.1%、65.5% 和 39.0%、46.4%、53.0%。耐性基因型萎缩不知地上和地下部 Zn，Mn，Cu 含量的下降比率，分别比敏感基因型低 9.9%、32.9%、12.7% 和 21.4%、21.0%、26.6%（表 7-3）。在 Cd + NAC 处理下显著提高了大麦对 Zn 和 Mn 的吸收，在敏感基因型中效果更为显著；Cu 含量仅在萎缩不知地上部中显著增加，其余都较单独 Cd 处理下降。

表 7 - 3 NAC 对镉胁迫下不同大麦基因型幼苗微量元素含量的影响

Table 7 - 3 Effect of external NAC supply on micro element concentrations in shoots and roots of two barley genotypes exposed to Cd after 7 days

Treatment	Element Concentration (μg/g DW)					
	Shoot			*Root*		
	Zn	Cu	Mn	Zn	Cu	Mn
Weisuobuzhi (Tolerant genotype)						
Control	440.7a	4.5a	14.0a	703.0a	18.9a	29.9b
NAC	432.7a	3.9ab	12.9b	694.6a	15.0b	34.9a
Cd	393.2b	3.1b	6.6d	578.8c	14.1c	22.0d
Cd + NAC	438.5a	4.8a	9.4c	688.6b	10.0d	23.9c
Dong 17 (Sensitive genotype)						
Control	418.0a	3.9a	11.9a	842.1a	18.1a	40.0b
NAC	409.7a	2.0c	11.6a	530.1c	15.9ab	43.8a
Cd	331.2c	1.4d	4.1b	513.3d	9.7c	18.8d
Cd + NAC	371.9b	2.8b	4.4b	565.1b	14.8b	21.9c

Data were means of three independent replications. abc, different letters indicate significant differences ($P < 0.05$) among the 4 treatments and refer to each subset of data. Control, NAC, Cd and Cd + NAC correspond to basic nutrition solution (BNS), BNS + 200 μmol/L NAC, BNS + 5 μmol/L Cd, and BNS + 50 μmol/L Cd + 200 μmol/L NAC, respectively

四、外源 NAC 对镉胁迫大麦细胞超微结构的影响及基因型差异

超显微结构观察显示，不同处理间叶片结构的差异主要是对叶绿体结构的影响，较明显的差异是叶绿体形状的改变，如图 7 - 1 所示。

观察发现，在 50 μmol/L Cd 处理下大麦叶绿体数目有所增加，叶绿体呈现椭圆形或近圆形，SNP 对此现象有所缓解。在叶绿体结构方面的差异也很明显，在正常（Control）或单独 NAC 处理条件下，大麦叶片细胞的叶绿体基质浓密，被膜清晰，基粒类囊体片层堆叠规则并和基质片层成连续的整体，与叶绿体的长轴平行，片层之间有很多淀粉粒（图 7 - 1 a、图 7 - 1 e、图 7 - 1 b、图 7 - 1 f）。其次，50 μmol/L Cd 处理后，2 个基因型的叶绿体结构均变差，叶绿体基质和基粒片层都受到不同程度的破坏，出现肿胀现象，基粒堆叠松散，甚至有些片层发生降解，嗜锇颗粒增加，淀粉粒数量减少，线粒体

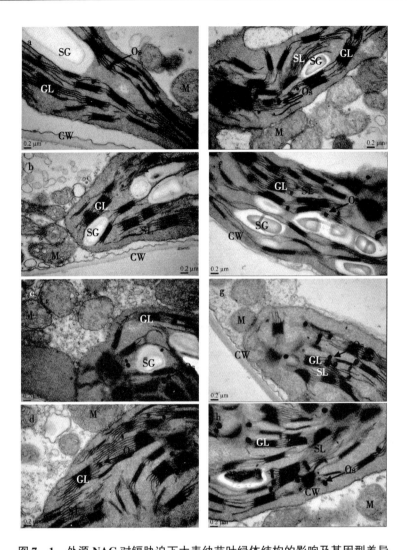

图 7 – 1 外源 NAC 对镉胁迫下大麦幼苗叶绿体结构的影响及基因型差异

Figure 7 – 1 Transmission electron micrograph of chloroplasts of Weisuobuzhi

（left）and Dong 17（right）cultured in basic nutrition（BNS，a，e），

BNS + NAC（b，f），BNS + 50 μmol/L Cd（c，g）and BNS + 50 μmol/L Cd + NAC

（d，h）respectively

注：CW，细胞壁；M，线粒体；GL，基粒片层；Os，嗜锇颗粒；SG，淀粉粒；SL，基质片层。Labels：CW，cell wall；M，mitochondrion；GL，granum lamellae；Os，osmiophilic plastolobuli；SG，starch grain；SL，stroma lamellae

脊变得不清晰，在镉敏感基因型东 17 中表现更加严重（图 7 - 1 c 和图 7 - 1 g）；东 17 叶绿体中基粒垛数、基粒垛叠片层、基质片层数量，较对照显著减少，部分片层甚至解体；嗜锇颗粒却显著增加。添加外源 NAC 后（Cd + NAC 处理），2 个基因型叶绿体中嗜锇颗粒显著减少，但基质和基粒的肿胀并没有改善（图 7 - 1 d 和图 7 - 1 h）。

镉处理对大麦根系显微结构有显著的影响，主要表现在细胞核和细胞壁方面，其次是各种细胞器。从图 7 - 2 可以看到，对照和 NAC 处理的两基因型大麦根系细胞核近圆形，核质分布均匀，细胞质稠密，且含有丰富的细胞器，不同之处在于两个基因型的液泡存在显著的差异，敏感的东 17 的液泡体积较大，但数量较少，而萎缩不知含有大量小液泡（图 7 - 2 A 和 a，图 7 - 2 B 和 b，图 7 - 2 C 和 c，图 7 - 2 D 和 d）。

两个基因型的根细胞在 50 μmol/L Cd 处理后呈长椭圆形，且细胞破裂不完整，细胞壁明显增厚，特别是萎缩不知，核膜不规则凹陷，萎缩不知液泡数量显著下降，而东 17 显著增加。敏感基因型中质体和线粒体的脊数量显著减少，但是在耐性基因型萎缩不知中没有出现这些变化（图 7 - 2 C 和 c，图 7 - 2 G 和 g），且与东 17 不同。外源施加 NAC 处理后，细胞结构得到了明显改善，细胞壁较处理变薄了很多，但较对照还是较厚且光滑，两基因型根细胞在 Cd 处理后淀粉粒在质体中累积（图 7 - 2 D 和 d，图 7 - 2 H 和 h），东 17 根中由 Cd 处理引起的线粒体和质体的损伤得到改善，细胞核基本恢复正常。

五、外源 NAC 对镉胁迫大麦根尖细胞活力的影响及基因型差异

荧光染料 PI（碘化丙啶）是一种常用的细胞核荧光染色剂。它不能透过完整的细胞膜，但 PI 能透过凋亡中晚期的细胞和死细胞的膜而将细胞核染红，与细胞核中的 DNA 和 RNA 结合的 PI 发出的红色荧光，与未结合的 PI 相比，强度会增强 20 ~ 30 倍；因此，根据发出的荧光强弱可判断根尖细胞膜是否完整，从而得到大麦根尖细胞活力的情况。

利用 PI 荧光染料染色法观察外源 NAC 对镉胁迫下大麦根尖细胞活力的变化情况，结果显示（图 7 - 3），在正常（Control）或单独 NAC 处理条件下，大麦根尖细胞无红色荧光，说明根尖细胞活力正常。与对照组相比，50 μmol/L Cd 处理下大部分的根尖细胞被染成亮红色，且两基因型差异明显，

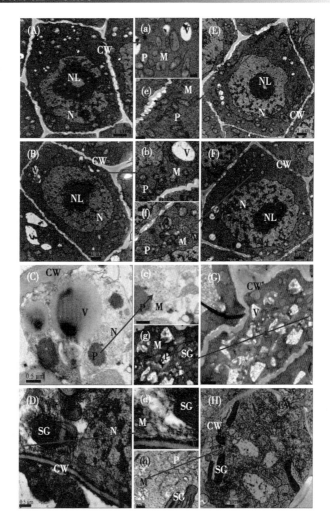

图 7 – 2　外源 NAC 对镉胁迫下大麦幼苗根细胞结构的影响及基因型差异

（左：萎缩不知；右：东 17）

Figure 7 – 2　Transmission electron micrograph of root cells of Weisuobuzhi（left）and Dong 17（right）cultured in basic nutrition（BNS，A，a，E，e），BNS + NAC（B，c，F，f），BNS + 50 μmol/L Cd（C，c，G，g）and BNS + 50 μmol/L Cd + NAC（D，d，H，h）respectively

注：CW，细胞壁；E，内质网；M，线粒体；N，细胞核；NL，核仁；P，质体；SG，淀粉粒；V，液泡。Labels：CW, cell wall；E, endoplasmic reticulum；M, mitochondrion；N, Nucleolus；P, plastid；SG, starch grain；V, vacuole

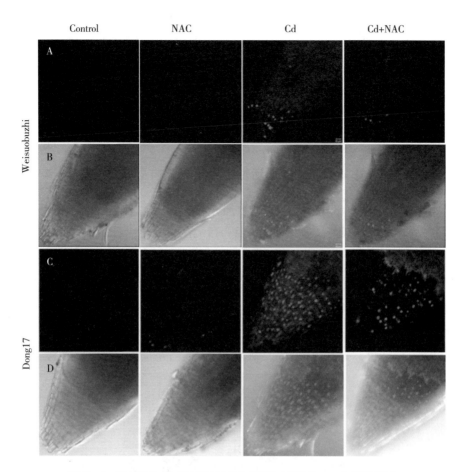

图 7 –3　NAC 对 Cd 胁迫下不同大麦基因型幼苗 Cd 含量的影响

Figure 7 –3　Effect of external NAC supply on the cell viability in
roots tips of two barley genotypes exposed to Cd after 7 days

A and C lines are images from the red fluorescence indicating the fluorescent dye in dead cells, B and D lines are images of bright-field plus red flurescence. Control, NAC, Cd and Cd + NAC correspond to basic nutrition solution（BNS）, BNS + 200 μmol/L NAC, BNS + 5 μmol/L Cd, and BNS + 50 μmol/L Cd + 200 μmol/L NAC, respectively

耐镉基因型萎缩不知中红色荧光主要集中在根尖部位，根尖以上部分染色不是很鲜艳，说明镉处理下根尖细胞有死亡现象；敏感基因型东 17 中，几乎整个根尖都变成了亮红色，表明根尖细胞大都已经死亡。而 NAC + Cd 处理组结果显示，根尖红色明显减少，特别是萎缩不知中，除了极少数红点之外整个根尖几乎无红色，说明 NAC 可以缓解镉胁迫造成的伤害；敏感基因型东17里也观察到了类似的红色减弱现象，缓解现在主要集中在根尖部位，根尖以上部分仍然存在大量亮红色。由此可见，NAC 对镉毒害造成的细胞活力下降有显著的恢复作用，且在两基因型中差异明显；Cd + NAC 处理耐镉基因型萎缩不知叶片中死细胞显著少于 Cd 处理且与无镉正常条件下（对照）无显著差异，即基本恢复到正常水平。

六、外源 NAC 对镉胁迫大麦活性氧累积的影响及基因型差异

活性氧是指化学性质活跃的含氧原子或原子团，如超氧化物的阴离子（$O_2^{\cdot-}$）、过氧化氢（H_2O_2）、羟自由基（$\cdot OH$）等。活性氧为强氧化剂，对植物有损坏作用；活性氧可使类脂中的不饱和脂肪酸发生过氧化反应，破坏细胞膜的结构。在逆境胁迫下会使植物产生大量活性氧，本试验结果显示（图7-4），镉处理（50 μmol/L Cd）导致 $O_2^{\cdot-}$ 在叶片中累积，$O_2^{\cdot-}$ 分布在整个叶片，尤其是敏感基因型东17。无镉条件下添加 NAC（NAC 处理）叶片中活性氧的累积与对照（Control）无明显差异；镉胁迫条件下，外源 NAC 添

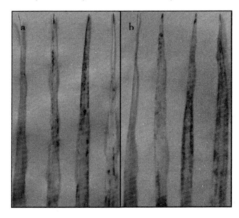

图7-4　外源 GSH 对镉胁迫下不同大麦基因型叶片 $O_2^{\cdot-}$

Figure 7-4　Histochemical detection of $O_2^{\cdot-}$ in two barley genotypes

（a：Weisuobuzhi；b：Dong 17）treated after 7 days. Leaves were bleached by immersing them in boiling enthanol to visualize the spots. Control, NAC, Cd and Cd + NAC correspond to basic nutrition so-lution（BNS），BNS + 200 μmol/L NAC，BNS + 5 μmol/L Cd，and BNS + 50 μmol/L Cd + 200 μmol/L NAC，respectively

加（Cd + NAC 处理）后叶片活性氧累积显著少于 50 μmol/L Cd 处理，其中耐镉基因型萎缩不知的减少尤为明显。由此可见，NAC 有利于减少活性氧累积，显著缓解镉毒害诱发的活性氧累积。缓解效应基因型间存在显著差异，Cd + NAC 处理耐镉基因型萎缩不知叶片中 $O_2^{\cdot-}$ 显著少于 Cd 处理且与无镉正常条件下（对照）无显著差异，即基本恢复到正常条件下 $O_2^{\cdot-}$ 水平（图 7 – 4）。

镉处理导致大麦叶片和根系产生羟自由基（·OH），同样是敏感基因型东 17 含量高于耐镉基因型萎缩不知；镉胁迫条件下，外源 NAC 添加（Cd + NAC 处理）后叶片活性氧累积显著少于 50 μmol/L Cd 处理，但都没有恢复到对照水平，除了敏感基因型东 17 根系外（甚至低于对照）。单独 NAC 处理使两基因型大麦羟自由基（·OH）含量略有升高，但未达显著水平，但仅东 17 根系·OH 较对照稍有降低（图 7 – 5）。

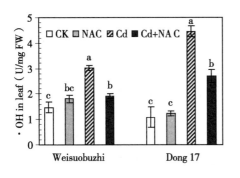 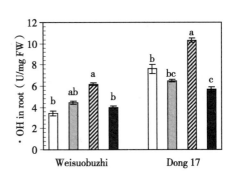

图 7 – 5 外源 GSH 对镉胁迫下不同大麦基因型叶片·OH 积累的影响

（a：萎缩不知；b：东 17）

Figure 7 – 5　Effect of external NAC supply on ·OH content in leaves and roots of two barley genotypes treated after 7 days

Control，NAC，Cd and Cd + NAC correspond to basic nutrition solution （BNS），BNS + 200 μmol/L NAC，BNS + 5 μmol/L Cd，and BNS + 50 μmol/L Cd + 200 μmol/L NAC，respectively

七、外源 NAC 对镉胁迫大麦膜脂过氧化的影响及基因型差异

在逆境胁迫下，植物体内会产生过剩活性氧，而活性氧自由基可引发膜脂过氧化作用，MDA 是膜脂过氧化的主要产物之一，其积累是活性氧毒害作用的表现，为膜脂过氧化的指标之一（Somashekaraiah 等，1992；Chaoui 等，

1997）。试验结果表明（图 7 - 6），50 μmol/L 镉处理 7 d 后诱导大麦叶片 MDA 增加，加剧膜脂过氧化，尤其是敏感基因型东 17，萎缩不知和东叶片内 MDA 含量分别比对照极显著高 46.5% 和 51.5%。外源 NAC 显著缓解镉毒害诱发的膜脂过氧化，萎缩不知和东 17 的 MDA 含量分别比 50 μmol/L Cd 处理极显著低 48.3% 和 41.4%，萎缩不知对照无显著差异（基本恢复到正常条件下 MDA 水平），东 17 稍微高对照一点，说明 NAC 对耐镉性基因型镉毒害的缓解效果要比镉敏感基因型东 17 强。单独 NAC 处理与对照相比，其 MDA 含量无明显差异。外源 NAC 对镉胁迫大麦根系 MDA 的影响及基因型差异与叶片类似，NAC 对东 17 镉毒害缓解效果不是很明显，可能是由于镉对东 17 的毒害效果较强，其自身很难恢复到对照水平。

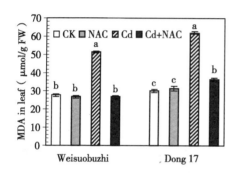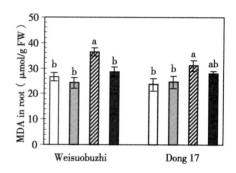

图 7 - 6　外源 NAC 对镉胁迫下不同大麦基因型地上部和根系 MDA 积累的影响

Figure 7 - 6　Effect of external NAC supply on MDA content in leaves and roots of two barley genotypes exposed to Cd after 7 days

Error bars represent SD values（n = 3），different letters indicate significant differences（P < 0.05）among the 4 treatments. Control，NAC，Cd and Cd + NAC correspond to basic nutrition solution（BNS），BNS + 200 μmol/L NAC，BNS + 5 μmol/L Cd，and BNS + 50 μmol/L Cd + 200 μmol/L NAC，respectively

八、外源 NAC 对镉胁迫大麦抗氧化酶活性的影响及基因型差异

SOD 活性变化在基因型间存在显著差异（图 7 - 7）。50 μmol/L Cd 处理诱导耐性基因型萎缩不知叶中 SOD 活性的显著提高，胁迫 7 d 后 SOD 活性比对照显著高 5.2%；相反，Cd 处理 7 d 敏感基因型叶片 SOD 活性比对照显著低 20.8%。两基因型根系 SOD 活性在镉胁迫后均显著升高。外源添加 NAC

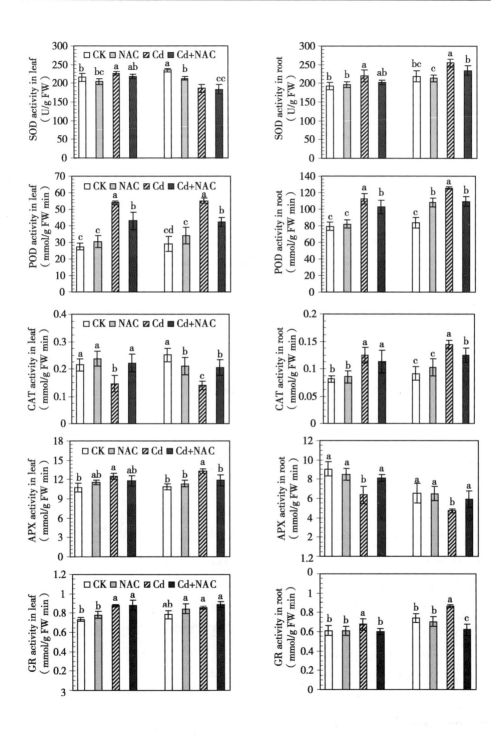

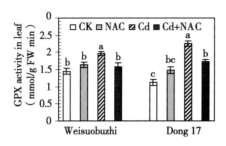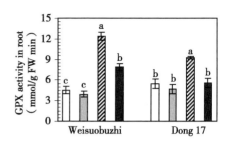

图 7 - 7　外源 NAC 对镉胁迫下不同大麦基因型地上部和根系抗氧化酶活性的影响

Figure 7 - 7　Effects of exogenous NAC supply on the activities of SOD, POD, CAT,

PX, GR and GPX in leaves and roots of two barley genotypes exposed to Cd after 7 days

Error bars represent SD values (n = 3), different letters indicate significant

differences (P < 0.05) among the 4 treatments

（Cd + NAC 处理）后显著缓解了两基因型根系 SOD 活性，分别比 Cd 处理显著降低 8.1% 和 7.8%；而地上部没有显著差异。单独 NAC 处理降低了根系 SOD 活性，叶片 SOD 活性与对照相比没有显著差异。

50 μmol/L Cd 处理导致两基因型叶片和根系 POD 活性显著升高（图 7 - 7），外源添加 NAC 后大麦叶片和根系 POD 活性显著降低，特别是敏感基因型东 17。与镉处理相比，在 Cd + NAC 处理后萎缩不知叶片和根系 POD 活性分别下降了 20.2% 和 8.8%，而东 17 中分别降低 23.6% 和 12.9%。且总体来说，POD 活性的变化幅度在两基因型中都是根系大于叶片；另外，与对照相比，单独添加 NAC 对 POD 活性的影响较小，仅东 17 根系活性有所升高。

与对照相比，镉胁迫导致 CAT 活性在两基因型叶片中显著降低，但在根系中却比对照升高（图 7 - 7）。添加 NAC 后，与单独镉处理相比叶片 POD 活性有所升高，根系汇总 CAT 活性降低但仍然高于对照。单独 NAC 处理和对照相比没有显著差异，仅东 17 叶片 CAT 活性较对照降低。

镉处理后叶片 APX 活性显著升高，萎缩不知和东 17 与对照相比分别升高 16.2% 和 22.1%，但是两基因型根系 APX 活性都较对照降低。添加 NAC 后都表现出显著的缓解镉毒害的现象，降低了 5.3% 的镉毒害引起的萎缩不知叶片 APX 活性的上升，在东 17 叶片中下降 10.6%。总体来说，NAC 可有将 APX 活性降低至对照水平的趋势。对照和单独 NAC 处理条件下，APX 活性没有显著变化（图7-7）。

镉处理显著升高两基因型叶片和根系 GR 活性，除东17叶片 GR 活性上升不显著。外源添加 NAC 对两基因型根系 GR 活性有显著的缓解效应，且镉敏感基因型下降百分比较耐镉基因型萎缩不知大，萎缩不知根系 GR 活性下降11.4%，东17下降28.0%；在叶片中没有显著的缓解效应。对照和单独 NAC 处理之间没有显著的差异。

50 μmol/L Cd 处理导致两基因型叶片和根系 GPX 活性显著升高（图7-7），外源添加 NAC 后大麦叶片和根系 POD 活性显著降低，特别是敏感基因型东17差异较显著。与镉处理相比，在 Cd + NAC 处理后萎缩不知叶片和根系 POD 活性分别下降了19.4%和36.7%，而东17中分别降低23.1%和39.6%。且总体来说，POD 活性的变化幅度在两基因型中都是根系大于叶片，镉敏感基因型大于耐镉基因型；另外，与对照相比，单独添加 NAC 对POD 活性无显著影响。

九、外源 NAC 对镉胁迫大麦可溶性氨基酸含量的影响及基因型差异

氨基酸是植物生长的必要营养成分，也是许多生物大分子的合成原料。据研究重金属污染下有些氨基酸含量的变化对植物重金属抗性有重要生理意义（江行玉和赵可夫，2001）。氨基酸中的羧基、氨基、疏基和酚基等功能团能与金属离子结合，例如脯氨酸、谷氨酸、半胱氨酸是植物螯合肽合成前体而植物螯合肽被认为对植物重金属耐性起重要，对有毒重金属可能具有钝化和解毒作用（Christopher，2000；邬飞波和张国平，2003）；已有研究表明镉胁迫下小麦（杨居荣和蒋婉茹，1996）水稻（Hsu 和 Kao，2003；程旺大等，2005）不同耐性品种体内和籽粒中的氨基酸含量常发生变化。因此，明确籽粒不同镉积累量和不同镉耐性的品种对镉胁迫反应及其营养代谢的基因型差异，对通过品种选育途径降低水稻籽粒镉积累量具有重要指导意义，但迄今为止这方面研究尚不多见。

镉胁迫对大麦可溶性氨基酸含量的影响与氨基酸种类和基因型有关（表7-4、表7-5）。叶片可溶性氨基酸含量显著高于根系。17种氨基酸中，谷氨酸含量最高，两基因型平均叶片和根系中该氨基酸分别占可溶性氨基酸总量的14.1%、12.9%。镉处理后，叶片中的可溶性氨基酸含量显著增加，耐

镉基因型萎缩不知和镉敏感基因型东 17 分别比对照增加 62.7% 和 17.0%；根系中的可溶性氨基酸含量则降低，两基因型分别降低 18.7%、12.8%。镉处理对耐镉基因型氨基酸含量的影响较镉敏感基因型东 17 显著。外源加 NAC 后，叶片氨基酸含量萎缩不知和东 17 较单独镉处理分别增加 11.1%、14.3%，敏感基因型东 17 增加较多；根系中则较单独镉处理显著降低，耐镉基因型降低 33.5%，镉敏感基因型降低 14.4%。单独 NAC 处理后，叶片中两基因型都比对照含量分别增加 32.3%、29.5%，但仍然较 Cd + NAC 处理低；根系中萎缩不知含量较对照降低，而东 17 升高。

表 7 – 4　NAC 对镉胁迫下不同大麦基因型幼苗叶片可溶性氨基酸含量的影响

Table 7 – 4　Effect of external NAC supply on amino acid content in leaves of two barley genotypes exposed to Cd after 7 days

Amino acid (g/kg DW)	Weisuobuzhi				Dong 17			
	Control	NAC	NAC + Cd	Cd	Control	NAC	NAC + Cd	Cd
Asp	10.07b	14.55b	23.31a	21.84a	14.66c	18.68b	22.68a	18.72b
Thr	3.42c	5.72b	10.48a	10.42a	6.43c	9.83b	11.13a	9.64b
Ser	3.93c	6.05b	11.19a	10.51a	6.51a	9.38a	11.56a	9.43a
Glu	14.61d	20.50c	33.57a	30.78b	22.80c	26.34b	33.50a	28.39b
Pro	6.12b	7.62ab	10.23a	5.83b	9.70a	8.28b	9.22ab	7.96b
Gly	7.36b	8.78b	11.49a	11.62a	8.41b	11.26a	11.71a	10.42ab
Ala	12.77c	14.39bc	16.25ab	17.93a	13.55b	17.97a	15.87ab	13.73b
Cys	0.11a	0.09ab	0.07b	0.08b	0.06ab	0.07ab	0.08a	0.05b
Val	7.66b	10.12a	11.39a	10.26a	10.27a	12.18a	11.76a	10.40a
Met	0.13c	1.18b	0.03d	1.63a	1.55a	1.84a	1.60a	1.02b
Ile	4.92c	6.67b	8.87a	6.91b	6.17b	8.32a	8.45a	8.26a
Leu	13.71b	15.56b	19.60a	14.37b	14.30c	19.14a	17.07ab	16.21bc
Tyr	3.46c	3.77c	4.57b	6.18a	2.00c	7.88a	5.13b	4.77b
Phe	7.87c	10.44b	13.29a	10.16b	7.38c	13.07a	11.59ab	10.93b
Lys	8.33c	11.19b	13.99a	12.10ab	11.58b	13.39a	13.02a	11.11b

（续表）

Amino acid (g/kg DW)	Weisuobuzhi				Dong 17			
	Control	NAC	NAC + Cd	Cd	Control	NAC	NAC + Cd	Cd
His	1.95b	3.64a	3.85a	3.30a	3.61b	5.06a	4.26a	3.60b
Arg	6.65c	9.19b	12.14a	10.05b	10.14a	10.44a	10.86a	9.85a
Total	113.07d	149.56c	204.32a	183.97b	149.12c	193.13a	199.49a	174.49b

Control, Cd and Cd + NAC, NAC correspond to basic nutrition solution (BNS), BNS + 5 μmol/L Cd, BNS + 50 μmol/L Cd + 200 μmol/L NAC, and BNS + 200 μmol/L NAC respectively

表 7 - 5　NAC 对镉胁迫下不同大麦基因型幼苗根系可溶性氨基酸含量的影响

Table 7 - 5　Effect of external NAC supply on amino acid content in roots of two barley genotypes exposed to Cd after 7 days

Amino acid (g/kg DW)	Weisuobuzhi				Dong 17			
	Control	NAC	NAC + Cd	Cd	Control	NAC	NAC + Cd	Cd
Asp	9.83a	10.09a	10.59a	11.69a	10.10a	11.48a	7.00b	9.46a
Thr	5.40a	5.09a	3.98b	4.48a	5.14a	5.47a	3.30c	4.29b
Ser	5.97a	5.66a	4.60b	4.60b	5.64a	6.15a	3.92b	5.04a
Glu	14.85c	13.56c	18.02b	22.74a	12.91b	15.01a	12.86b	16.65a
Pro	2.21b	4.75a	0.75c	5.00a	2.03b	5.20a	2.66b	2.00b
Gly	5.96a	6.08a	4.37b	5.61a	6.36a	6.07a	3.64c	4.64b
Ala	10.83a	7.63b	3.37c	7.80b	7.03b	10.69a	4.60c	6.33b
Cys	9.00a	1.45b	0.29c	0.05c	0.04b	0.05b	1.04a	0.05b
Val	11.40a	6.80b	2.82c	6.37b	6.60a	7.22a	3.31b	5.26a
Met	3.35a	1.68b	0.84b	3.07a	1.64b	2.87a	0.93b	1.60b
Ile	3.64a	3.81a	3.61a	3.73a	3.99a	4.07a	2.51c	3.05b
Leu	8.91a	8.84a	4.59c	6.70b	7.83a	8.05a	5.16c	5.95b
Tyr	5.32a	2.21b	0.11c	2.03b	2.02b	2.36b	4.25a	1.24c
Phe	10.01a	5.85b	0.61c	4.13b	5.08a	4.93a	4.59a	4.25a
Lys	8.51a	7.59a	4.57b	5.79b	8.08a	8.95a	4.34b	5.14b
His	2.53a	2.66a	1.33b	2.16a	2.14a	2.55a	1.51b	1.84b
Arg	7.13a	5.82a	3.07b	5.59a	5.92a	6.65a	3.48b	3.95b
Total	124.85a	99.57ab	67.52b	101.54ab	92.55ab	107.77a	69.1b	80.74b

Control, Cd and Cd + NAC, NAC correspond to basic nutrition solution (BNS), BNS + 5 μmol/L Cd, BNS + 50 μmol/L Cd + 200 μmol/L NAC, and BNS + 200 μmol/L NAC respectively

镉胁迫下大麦叶片中 17 种可溶性氨基酸含量的变化表现为 4 类：一是促进效应，有 9 种，分别是天冬氨酸、苏氨酸、丝氨酸、谷氨酸、甘氨酸、缬氨酸、异亮氨酸、酪氨酸、苯丙氨酸。其中，除了酪氨酸、苯丙氨酸外，其余的氨基酸在耐镉基因型萎缩不知中的提高幅度明显大于镉敏感基因型东 17。外源添加 NAC 后（Cd + NAC），谷氨酸和苯丙氨酸含量显著高于单独镉处理，且苯丙氨酸增加幅度为萎缩不知高于东 17，而谷氨酸则相反。二是抑制效应，仅半胱氨酸含量显著降低，萎缩不知降低幅度大于东 17，降低百分比分别为 27.2%、16.7%。三是与对照相比，Cd + NAC 处理，萎缩不知无显著变化，东 17 中含量显著提高。四是镉胁迫效应因品种而异，有 7 种氨基酸，它们是丙氨酸、脯氨酸、甲硫氨酸、亮氨酸、赖氨酸、组氨酸、精氨酸。而脯氨酸、亮氨酸含量在萎缩不知中无显著变化，在东 17 中显著降低；丙氨酸、甲硫氨酸、赖氨酸、组氨酸、精氨酸在萎缩不知中升高，东 17 中含量降低；NAC 缓解后脯氨酸、亮氨酸、赖氨酸含量在两基因型中都显著高于单独镉处理，而其他 3 中氨基酸仅在一个基因型中含量显著提高。

镉胁迫下大麦根系中 17 种可溶性氨基酸含量的变化表现为 4 类：一是促进效应，有谷氨酸 1 种，在耐镉基因型萎缩不知中的提高幅度明显大于镉敏感基因型东 17，增加百分比分别为 53.1%、29.0%。外援添加 NAC 缓解后谷氨酸含量显著低于单独镉处理，且降低幅度为萎缩不知高于东 17。二是抑制效应，有 3 种，亮氨酸、酪氨酸和赖氨酸。三是无显著影响，仅一种天冬氨酸。四是镉胁迫效应因品种而异，包括其余的 12 种氨基酸。其中，脯氨酸在耐镉基因型萎缩不知中显著升高而且镉敏感基因型东 17 中无显著差异；NAC 缓解后萎缩不知其含量较单独镉处理显著降低，东 17 中亦无显著差异。丝氨酸、丙氨酸、半胱氨酸、缬氨酸、苯丙氨酸在萎缩不知中显著降低，而在东 17 中无明显差异。苏氨酸、甘氨酸、甲硫氨酸、异亮氨酸、组氨酸、精氨酸在东 17 中显著降低，而在萎缩不知中无明显差异；NAC 缓解后在耐镉基因型萎缩不知中除异亮氨酸外其余 5 中氨基酸含量较单独镉处理都显著降低，而在敏感基因型东 17 中苏氨酸、甘氨酸、异亮氨酸显著降低其余氨基酸无明显差异。

第三节　讨　论

镉对土壤的污染对全世界的农业环境造成了威胁，所以在农业上急需一种可以避免高镉积累的方法来缓解镉对人类健康的威胁。在有镉污染的农田里收获到可食部位低镉积累的作物被认为是一种能避免镉对健康胁迫有效并经济的方法。在本研究中，我们观察了依赖镉敏感和耐镉基因型的外源 NAC 对两个大麦基因型生长、元素吸收、细胞结构和活力、活性氧、膜脂过氧化、GSH 含量、总抗氧化能力及氨基酸含量的影响及基因型差异。结果显示外源 NAC 可以有效减少大麦对镉的吸收和转运的，缓解由镉导致胁迫的对大麦的胁迫伤害，减少大麦对镉的吸收和转运。

镉显著影响植株对微量元素的吸收与分配，基因型间差异显著。镉处理引起的 Zn、Mn、Cu 含量的下降幅度地下部高于地上部，敏感基因型高于耐性基因型。Zn 是生长素 IAA 的前体，是合成色氨酸所必需的，它能促进细胞伸长；Cu 和 Mn 都是细胞内多种酶的重要组分，这些微量元素的缺失或者不平衡可能会引起叶绿素的合成受到抑制，抗氧化酶活性损伤，从而导致大麦生长受到抑制。外源添加 NAC 显著减轻大麦镉毒害症状，与 NAC 减少植株对镉吸收、转移有关，但 NAC 是否直接被根吸收而在植物体内直接产生作用及 NAC 作用的分子机理需要进一步的研究。本试验结果表明，外源 NAC 能改变镉胁迫引起的微量元素缺乏，或者元素之间的不平衡状况。Cd + NAC 处理下，2 个大麦基因型的 Zn 和 Mn 的含量显著上升。尤其是 Zn 地上部含量达到了对照水平。地下部的 Mn 含量也显著上升，但没有达到与对照相当高的含量。其中，耐镉基因型中，NAC 对镉造成的伤害的恢复总是比对敏感基因型的恢复程度强，这可能是由于对敏感基因型造成了几乎了不可逆的损伤。微量元素缺失和不平衡状况的缓解可能使有这些元素参与的生命活动得到恢复，包括叶绿素的合成、光合作用，以及细胞的抗氧化能力等，这些需要进一步的研究证实。

外源 NAC 显著提高了镉胁迫下大麦根系细胞存活率，使大麦根尖细胞凋亡率明显降低（图 7 – 4），且在耐镉基因型萎缩不知中，几乎使镉造成的毒害恢复到对照水平，提示一定浓度 NAC 具有拮抗镉诱导细胞凋亡的作用。

NAC 能在一定范围内提高大麦根尖细胞凋亡率，但不能恢复至对照水平，可能是由于 NAC 主要通过抗氧化拮抗镉的毒性，提示氧化损伤致细胞凋亡是镉致细胞凋亡的原因之一。镉的毒性和氧化损伤密切相关，镉中毒时，镉引起的氧化损伤和细胞内的谷胱甘肽耗竭有关。脂质过氧化是细胞损伤的一种特殊形式，也是许多化学毒物致病的起点。镉引起的组织损伤也与脂质过氧化有关，镉通过在体内与含巯基的抗氧化物结合，削弱机体对脂质过氧化物的代谢能力，导致脂质过氧化作用增强（Bagchi 等，1997）。活性氧类（reactive oxygen species，ROS）还可引起蛋白质变性、脂质过氧化产物 MDA 增加以及 DNA 断裂（Findei 和 Hoibrook，2000）。重金属镉胁迫也会引起植物体内产生过量活性氧自由基，如超氧阴离子自由基（$O_2^{·-}$）、羟基自由基（·OH）和 H_2O_2 等的积累；攻击生物膜中许多不饱和脂肪酸引发脂质过氧化作用，并由此形成脂质过氧化物丙二醛（MDA），加剧生物膜过氧化作用，恶化细胞膜系统的结构和功能，引起蛋白质、色素、酶、核酸等的氧化损伤，最终导致新陈代谢紊乱，植株受到伤害甚至死亡。重金属进入机体后，一方面在酶的催化下进行代谢转化；另一方面也导致体内酶活性改变，许多重金属的毒性作用就是基于与酶的相互作用产生的。重金属对生物机体酶的影响有两种作用方式，一是对酶活性的诱导，二是对酶活性的抑制。关于外源性化合物对酶诱导作用的机理，有人认为，外源性化合物诱导酶合成，主要是操纵基因的去阻遏作用（depression）所致的。本试验观察到镉对抗氧化酶、MDA 含量、羟自由基等则表现诱导效应，而在 NAC 加镉处理下则表现出抑制效应。结果显示，50 μmol/L Cd 胁迫导致大麦叶片中 $O_2^{·-}$ 累积（图 7-6），其中敏感基因型东 17 叶片 $O_2^{·-}$ 的增幅明显比耐性基因型萎缩不知严重。体内累积的过剩 ROS 自由基可引发膜脂过氧化作用，导致大麦叶片 MDA 增加，加剧膜脂过氧化，尤其以敏感基因型东 17 更为严重。重金属污染对植物的影响是多方面的，本试验为镉胁迫所造成的 ROS 自由基累积和膜脂过氧化提供了一定证据，并认为这是镉胁迫对植物造成伤害的重要机制之一。同时，不同基因型间抗氧化酶活性，$O_2^{·-}$ 和·OH 等 ROS 自由基累积和膜脂过氧化程度的差异，可以部分说明它们在耐镉性上的差异；关于镉诱导抗氧化酶活性的具体作用机制还有待进一步深入研究。

非生物胁迫及各种营养元素对于不同植物来说，都有上限、下限及最适范围。当超过植物生长的适应范围时，则会对叶绿体结构产生不同程度的破坏，进而使光合能力减弱，影响植物的正常生长，甚至导致死亡。当处于最适范围时，叶绿体结构完好，光合能力强，最有利于植物生长。本实验结果发现，当大麦生长在镉胁迫条件下，其叶绿体结构必然会产生变化，叶绿体膨胀近圆形、结构受损，2 个基因型间存在显著差异，其中镉敏感基因型东 17 受影响尤其严重（图 7 - 1 D），叶绿体中基粒和基质片层的排列紊乱，基粒和基质片层数量较对照显著减少，部分片层解体而使网状结构的连续性被打断，嗜锇颗粒显著增加。由此推测镉胁迫引起的叶绿体结构的变化，可能是植株光合系统的损伤，叶绿素降解的直接原因，并最终导致光合作用受抑制；但是外援添加 NAC 可以缓解这些症状。观察其根系，镉胁迫同样导致根尖分生组织细胞损伤（图 7 - 2），2 个基因型中均出现核膜破损，液泡数量减少；敏感基因型东 17 中质体和线粒体的脊数量显著减少，而在耐性基因型萎缩不知中并未发生变化，只是其质体中出现了淀粉粒的积累。添加外源 NAC 显著缓解了镉胁迫引起的根系细胞结构的损伤，有效提高了根系分生组织细胞核膜的稳定性和完整性。

　　植物生长于重金属污染的环境中氮素的吸收和同化受抑制蛋白质代谢失调结果导致植物体内氨基酸水平发生明显改变。大麦叶片和根系含量比较发现，镉处理对谷氨酸含量有促进作用，在外援 NAC 缓解后其含量在叶片中显著高于单独镉处理，根系中则显著降低，变化幅度都为耐镉基因型萎缩不知高于镉敏感基因型东 17。镉处理后半胱氨酸含量降低，特别是在耐镉基因型中；NAC 缓解后含量升高。脯氨酸含量在叶片中的表现为在萎缩不知中无显著变化，在东 17 中显著降低，NAC 缓解后脯氨酸在两基因型中都显著高于单独镉处理；在根系中脯氨酸在耐镉基因型萎缩不知中显著升高而在镉敏感基因型东 17 中无显著差异；NAC 缓解后萎缩不知其含量较单独镉处理显著降低，东 17 中亦无显著差异。甲硫氨酸在叶片萎缩不知中升高，东 17 中含量降低，NAC 缓解后甲硫氨酸显著降低。根系甲硫氨酸在东 17 中显著降低，而在萎缩不知中无明显差异；NAC 缓解后仅在耐镉基因型萎缩不知中较单独镉处理显著降低。镉处理后谷氨酸、脯氨酸和甲硫氨酸含量在耐镉基因型萎缩不知中的升高幅度在叶片和根系中都较镉敏感基因型东 17 大，再次表明两基因型对镉的耐性和敏感性；添加外源 NAC 可降低单独镉处理对大麦的毒害效应，表明 NAC 对镉毒害有一定的缓解作用。

第八章　总结与展望

第一节　总结概括

一、主要研究内容

镉是一种非必需重金属微量元素，食品镉污染引起的镉中毒事件亦有报道，重金属镉在植物中的运输、积累和解毒机理等已成为农业食品安全问题以及维护生态平衡的热点之一，而深入研究作物镉耐性与积累基因型差异生理与分子机理是开展相关作物育种和栽培调控的基础。尽管研究者已从不同侧面开展了大量研究，但由于其机制十分复杂，植物耐镉性与低镉积累中的许多重要问题仍有待探索。例如，植物耐镉性与低镉积累的关键因子仍未找到，其分子机制并不十分清楚。本研究以镉耐性与积累差异显著的大麦基因型萎缩不知（耐镉）、东17（镉敏感）、W6nk2（籽粒低镉积累）和浙农8号（籽粒高镉积累）为材料，深入开展大麦耐镉性和不同镉积累基因型差异的生理生化机理，筛选鉴定耐镉、低镉积累特异蛋白和相关候选基因，分离克隆低镉积累相关基因，转基因功能验证。并引入 N - 乙酰半胱氨酸生物活性因子，研究其对镉胁迫下大麦生长、镉吸收/转移的影响及基因型差异，探索通过化调技术缓解镉毒和降低作物镉吸收积累的途径，为作物低镉积累育种与生产提供理论依据和技术指导。

二、主要结果和创新点

利用镉荧光染料 Leadmium™ Green AM 首次原位定位了大麦根系中镉分布图像，并用 Image J 软件计算所得相对荧光强度值；更加直观的显示根部镉积累主要在质外体部分，其中内表皮和中柱鞘细胞壁中的镉含量相对较多，随处理中镉添加量的不断增加，植株镉含量也不断增加，且均与前者呈极显著正相关。高浓度处理下，根尖向上转移的镉量增多，根部被染色的部分逐渐向髓靠拢。

利用蛋白质组学的方法首次比较分析了籽粒高/低镉积累大麦基因型籽粒蛋白质表达谱。差异蛋白包括蛋白酶抑制剂类蛋白，胁迫响应相关蛋白，贮藏蛋白及碳水化合物代谢等相关蛋白，表明大麦籽粒镉高低镉积累可能是体内多种生理功能相互协调的结果，为进一步揭示镉胁迫和耐性机制提供了新的理论依据。

应用基因芯片技术，分析比较籽粒镉积累差异显著的两大麦基因型在镉胁迫下基因表达谱的变化，结合 qPCR 验证，选定 ZIP 蛋白为低镉积累相关蛋白；进一步采用 Gateway 克隆体系，详细阐述了各个反应的过程以及各个阶段正确克隆的筛选和鉴定的方法，提出了相对科学和完整的确认克隆成功与否的评判体系，并最终成功构建了与大麦镉转运与积累紧密相关的 *ZIP* 基因的高效沉默系统表达载体，并用农杆菌介导法转化此基因到品质较好的大麦基因型 Golden promise。对于进一步探讨大麦镉转运与积累关联基因 ZIP 家族不同成员之间及在不同大麦基因型间的表达差异和功能，同时也为研究其他相关基因提供借鉴。

建立籽粒镉积累不同的大麦基因型（低积累：W6nk2，高积累：浙农 8号），和耐镉性不同的大麦基因型（耐镉：萎缩不知，镉敏感：东 17）胚性悬浮细胞系，分析镉胁迫对大麦悬浮细胞生长影响及其基因型差异，及镉胁迫对不同基因型大麦悬浮细胞系生长的影响；并进一步利用大麦不同基因型单细胞悬浮系验证本实验前期结果所得基因 ZIP 蛋白的表达情况。

第二节 研究展望

一、镉在大麦组织和亚细胞水平上的分布及化学形态特征

本研究利用镉荧光染料原位定位了大麦根系中镉分布，但是镉在大麦体内的亚细胞水平分布特征，及镉以何种化学形态在植物木质部中迁移或被区

隔于细胞壁和液胞中尚不清楚；这些问题有待于利用同步辐射 X 射线吸收光谱、核磁共振等无损分析技术进行深入研究。

二、大麦不同组织蛋白质对镉胁迫的响应

本节利用蛋白质组学的方法首次比较分析了籽粒高/低镉积累大麦基因型籽粒蛋白质表达谱，鉴定得到了籽粒高低镉积累相关蛋白；但是这些蛋白都是在无污染条件下种植大麦得到的。进一步研究其在镉胁迫条件下大麦不同镉积累基因型对镉胁迫响应的差异蛋白，有待发现不同浓度镉胁迫下诱导的新的与大麦籽粒高低积累相关的蛋白质，更深入了解大麦籽粒高低镉积累分子机理。

三、*HvZIP* 基因功能验证

本实验利用 RNAi 技术克隆并转化了大麦镉低积累相关基因 ZIP 蛋白，不足之处是没有进行 *ZIP* 基因功能验证。所以下一步的工作有对转基因植株基因进行荧光定量 PCR 与测定其镉、锌等元素含量验证这一基因是否与镉锌转运相关；将收获的转基因植株种子再次繁殖，将幼苗进行不同浓度镉、锌处理，考察其生长情况，分析测定耐镉低镉积累相关性状，研究其对金属元素转运与吸收的影响；通过对 *ZIP* 基因过表达，进一步揭示耐镉低镉积累的分子机理。

参考文献

REFERENCES

蔡悦.2010.水稻耐镉的基因型差异及外源 GSH 缓解镉毒的机理研究
　　[D].杭州：浙江大学.

曹爱忠，李巧，陈雅平，等.2006.利用大麦基因芯片筛选簇毛麦抗白粉
　　病相关基因及其抗病机制的初步研究 [J].作物学报，32（10）：
　　1 444 - 1 452.

曹立勇.2002.水稻几个重要性状的 QTL 定位及抗白叶枯病基因分子标记
　　辅助选择 [D].杭州：浙江大学.

陈军营，阮祥经，杨凤萍，等.2007.转 *DREB* 基因烟草悬浮细胞系
　　（BY - 2）的建立及其几个与抗盐和抗渗透胁迫相关指标的检测 [J].
　　植物生理学通讯，43（2）：226 - 230.

陈志德，王州飞，贺建波，等.2009.水稻糙米重金属 Cd^{2+} 含量的 QTL 分
　　析 [J].遗传，31（11）：1 135 - 1 140.

程旺大，姚海根，张国平，等.2005.镉胁迫对水稻生长和营养代谢的影
　　响 [J].中国农业科学，38（3）：528 - 537.

程仲毅，薛庆中.2003.植物蛋白酶抑制剂基因结构、调控及其控制害虫
　　的策略 [J].遗传学报，（30）：790 - 796.

戴礼洪，周莉，闫立金.2007.土壤作物系统重金属污染研究 [J].农业环
　　境与发展，（6）：84 - 88.

董静.2009.基于悬浮细胞培养的大麦耐镉性基因型差异及大小麦耐渗透
　　胁迫差异的机理研究 [D].杭州：浙江大学.

樊龙江，石春海，吴建国.2000.籼稻糙米厚度的发育遗传研究 [J].遗传
　　学报，27（10）：870 - 877.

房江育，王贺，张福锁.2003.硅对盐胁迫烟草悬浮细胞的影响 [J].作物

学报，29（4）：610－614.

谷巍，施国新，张超英.2002.Hg²⁺、Cd²⁺和Cu²⁺对菹草光合系统及保护酶系统的毒害作用［J］.植物生理与分子生物学学报，28（1）：69－74.

顾继光，周启星.2002.镉污染土壤的治理及植物修复［J］.生态科学，21（4）：352－356.

何慈信，朱军，严菊强.2000a.水稻穗干物质重发育动态的QTL定位［J］.中国农业科学，33（1）：27－35.

何慈信，朱军，严菊强.2000b.水稻叶挺长发育动态的QTL分析［J］.中国水稻科学，14（4）：2－7.

何照范.1985.粮油籽粒品质及其分析技术［M］.北京：农业出版社，37－59.

胡明珏.2003.拟南芥悬浮细胞超低温保存及脱落酸在胁迫信号转导途径中的作用研究［D］.杭州：浙江大学.

黄浩.2009.烟草Kunitz型胰蛋白酶抑制剂基因的分离及功能鉴定［D］.泰安：山东农业大学.

江行玉，赵可夫.2001.植物重金属伤害及其抗性机理［J］.应用与环境生物学报，7（1）：92－99.

蒋文智，黎继岚.1989.镉对烟草光合特性的影响［J］.植物生理学通讯，25（6）：27－31.

李阳生.1992.水稻体细胞无性系变异.全国首届青年农学会学术年会论文集［C］.北京：中国科学技术出版社.

林辉锋，熊君，贾小丽，等.2009.水稻苗期耐Cd胁迫的QTL定位分析.中国农学通报，25（9）：26－31.

林舜华，陈章龙，陈清朗.1981.汞镉对水稻叶片光合作用的影响［J］.环境科学学报，1（4）：324－329.

卢良恕.1996.中国大麦学［M］.北京：中国农业出版社.

路铁刚，叶和春.1995.植物细胞工程实验技术［M］.北京：科学出版社.

吕品.2007.大豆胰蛋白酶抑制剂KSTI3基因的克隆及植物表达载体构建.吉林：吉林农业大学.

牛颜冰, 于翠, 张凯. 2004. 瞬时表达黄瓜花叶病毒部分复制酶基因和番茄花叶病毒移动蛋白基因的 dsRNA 能阻止相关病毒的侵染 [J]. 农业生物技术学报, 12 (4): 484 – 485.

潘建伟, 陈虹, 顾青, 等. 2000. 环境胁迫诱导的植物细胞程序性死亡 [J]. 遗传, 24: 385 – 388.

彭勃, 王阳, 李永祥, 等. 2010. 玉米籽粒产量与产量构成因子的关系及条件 QTL 分析 [J]. 作物学报, 36 (10): 1 624 – 1 633.

彭鸣, 王焕校, 吴玉树. 1991. 镉、铅诱导的玉米 (*Zea mays* L.) 幼苗细胞超微结构的变化 [J]. 中国环境科学, 11 (6): 426 – 431.

阮成江, 何祯祥, 钦佩. 2002. 中国植物遗传连锁图谱构建研究进展 [J]. 西北植物学报, 22 (6): 1 526 – 1 536.

石春海, 吴建国, 樊龙江. 2002. 不同环境条件下稻米透明度的发育遗传分析 [J]. 遗传学报, 29 (1): 56 – 61.

汪斌, 兰涛, 吴为人. 2007. 盐胁迫下水稻苗期 Na^+ 含量的 QTL 定位 [J]. 中国水稻科学, 21 (6): 585 – 590.

汪芳. 2006. 外源 GSH 缓解大麦镉毒害及基因型差异的机理研究 [D]. 杭州: 浙江大学.

汪家政, 范明. 2000. 蛋白质技术手册 [M]. 北京: 科学出版社.

王凯荣. 1997. 我国农田镉污染现状及其治理利用对策 [J]. 农业环境保护, 16 (6): 274 – 278.

王勇刚, 曾富华, 吴志华, 等. 2002. 植物诱导抗病与病程相关蛋白 [J]. 湖南农业大学学报 (自然科学版), 28 (2): 177 – 182.

魏琳琳, 段钟平. 2008. N – 乙酰半胱氨酸药物作用机制实验研究进展 [J]. 中国药学杂志, 43 (12): 881 – 886.

邬飞波, 张国平. 2003. 植物螯合肽及其在重金属耐性中的作用 [J]. 应用生态学报, 14 (4): 632 – 636.

许大全. 1997. 光合作用气孔限制分析中的一些问题 [J]. 植物生理学通讯, 33 (4): 241 – 244.

许州达, 景瑞莲, 甘强, 等. 2007. 用水稻基因芯片筛选小麦耐旱相关基因. 农业生物技术学报, 15 (5): 821 – 827.

杨居荣, 蒋婉茹. 1996. 小麦耐受 Cd 胁迫的生理生化机制探讨 [J]. 农业环境保护, 15 (3): 97 – 101.

袁春华, 梁宋平. 2003. Kunitz 型丝氨酸蛋白酶抑制剂结构与功能研究 [J]. 生命科学研究, 7 (2): 110 – 115.

赵明敏, 安德荣, 黄广华. 2006. 瞬时表达靶向 TMV 外壳蛋白的 siRNA 能干扰病毒侵染 [J]. 植物病理学报, 36 (1): 35 – 40.

郑国琪, 许兴, 徐兆桢. 2002. 盐胁迫对枸杞光合作用的气孔与非气孔限制 [J]. 西北植物学报, 22 (6): 1 355 – 1 359.

支立峰, 余涛, 朱英国, 等. 2006. 镉胁迫引起烟草悬浮细胞程序性死亡 [J]. 武汉植物学研究, 24 (5): 403 – 407.

Ahsan N, Renaut J, Komatsu S. 2009. Recent developments in the application of proteomics to the analysis of plant responses to heavy metals [J]. Proteomics, 9: 2 602 – 2 621.

Altpeter F, Diaz I, McAuslane H, et al. 1999. Increased insect resistance in transgenic wheat stably expressing trypsin inhibitor CMe [J]. Molecular Breeding, 5: 53 – 63.

Asada K. 1992. Ascorbate peroxidase-a hydrogen peroxide scavenging enzyme in plants [J]. Physiologia Plantarum, 85: 235 – 241.

Assuncão AGL, Costa-Martins PDA, Folter SDE, et al. 2001. Elevated expression of metal transporter genes in three accessions of the metal hyperaccumulator *Thlaspi caerulescens* [J]. Plant Cell and Environment, 24: 217 – 226.

Axelsen K, Palmgren M. 2001. Inventory of the superfamily of P-type ion pumps in Arabidopsis [J]. Plant Physiology, 126: 696 – 706.

Bagchi D, uchetich PJ, Bagchi M, et al. 1997. Induction of oxidative stress by chronic administration of sodium dichromate [chromium VI] and cadmium chloride [cadmium II] to rats [J]. Free Radical Biology and Medicine, 22: 471 – 473.

Baxter I, Tchieu J, Sussman MR, et al. 2003. Genomic comparison of P-type ATPase ion pumps in Arabidopsis and rice [J]. Plant Physiology, 132:

618 – 628.

Bode W, Huber R. 1992. Natural protein proteinase inhibitors and their interaction with proteinases [J]. European Journal of Biochemistry, 204: 433 – 451.

Bovet L, Eggmann T, Meylan-Bettex M, et al. 2003. Transcript levels of At-MRPs after cadmium treatment: induction of AtMRP3 [J]. Plant Cell and Environment, 26: 371 – 381.

Bovet L, Eggmann T, Meylan-Bettex M, et al. 2003. Transcript levels of At-MRPs after cadmium treatment: induction of AtMRP3 [J]. Plant Cell and Environment, 26: 371 – 381.

Bovet L, Feller U, Martinoia E. 2005. Possible involvement of plant ABC transporters in cadmium detoxification: a cDNA sub-microarray approach [J]. Environment International, 31: 263 – 267.

Cai Y, Cao FB, Cheng WD, et al. 2011. Modulation of exogenous glutathione in phytochelatins and photosynthetic performance against Cd stress in the two rice genotypes differing in Cd tolerance [J]. Biological trace element research, 143: 1 159 – 1 173.

Cameron DM, Gregory ST, Thompson J, et al. 2004. Thermus thermophilus L11 methyltransferase, PrmA, is dispensable for growth and preferentially modifies free ribosomal protein L11 prior to ribosome assembly [J]. Journal of Bacteriology, 186: 5 819 – 5 825.

Camoni L, Fullone MR, Marra M, et al. 1998. The plasma membrane H^+ – ATPase from maize roots is phosphorylated in the C-terminal domain by a calcium-dependent protein kinase [J]. Physiologi Plantarum, 104: 549 – 555.

Chen F, Dong J, Wang F, et al. 2007. Identification of barley genotypes with low grain Cd accumulation and its interaction with four microelements [J]. Chemosphere, 67: 2 082 – 2 088.

Chen F, Wang F, Sun HY, et al. 2010. Genotype-dependent effect of exogenous nitric oxide on Cd-induced changes in antioxidative metabolism, ultrastructure, and photosynthetic performance in barley seedlings (*Hordeum vulgare*) [J]. *Journal of Plant Growth Regulation*, 29: 398 – 408.

Chen F, Wang F, Zhang GP, et al. 2008. Identification of barley varieties torelent to cadmium toxicity [J]. Biological Trace Element Research, 121: 171 – 179.

Chen GX. Asada K. 1989. Asorbate peroxidase in tea leaves occurrence of two isoenzymes and their differences in enzymatic and molecular properties [J]. Plant and Cell Physiology, 30: 987 – 998.

Chen Z, Gallie DR. 2006. Dehydroascorbate reductase affects leaf growth, development, and function [J]. Plant Physiology, 142: 775 – 787.

Choo TM, Reinbergs E. 1982. Analysis of skewness and kurtosis for detecting gene interaction in a doubled haploid population [J]. Crop Science, 22: 231 – 235.

Christeller JT. 2005. Evolutionary mechanismsacting on proteinase inhibitor variability [J]. Febs Journal, 272: 5 710 – 5 722.

Christopher SC. 2000. Phytochelatin biosynthesis and function in heavy-metal detoxification [J]. Current Opinion in Plant Biology, 3: 211 – 216.

Chuang CF, Meyerowitz EM. 2000. Specific and heritable gentic interference by double-stranded RNA in Arabidopsis thaliana [J]. Proceedings of the National Academy of Sciences, 97: 4 985 – 4 990.

Ci D, Jiang D, Li S. 2012. Wollenweber B, Dai T, Cao W. Identification of quantitative trait loci for cadmium tolerance and accumulation in wheat [J]. Acta Physiologiae Plantarum, 34: 191 – 202.

Clarke JM, Leisle D, Kopytko GL. 1997. Inheritance of cadmium concentration in five durum wheat crosses [J]. Crop Science, 37: 1 722 – 1 725.

Clemens S. 2006. Toxic metal accumulation, responses to exposure and mechanisms of tolerance in plants [J]. Biochimie, 88: 1 707 – 1 719.

Clijsters H, Vanvssche F. 1985. Inhibitionof photosynthesis by heavy metals [J]. Photosynthesis Research, 7: 31 – 40.

Cobbett CS. 2000. Phytochelatin biosynthesis and function in heavy-metal detoxification [J]. Current Opinion in Plant Biology, 3: 211 –216.

Cohen CK, Fox TC, Garvin DF, et al. 1998. Therole of iron deficiency stress responses in stimulating heavy-metal transport in plants [J]. Plant Physiology, 116: 1 063 –1 072.

Connolly EL, Fett JP, Guerinot ML. 2002. Expression of the IRT1 metal transporter is controlled by metals at the levels of transcript and protein accumulation [J]. Plant Cell, 14: 1 347 –1 357.

Corticeiro SC, Lima AIG, Figueira EMDAP. 2006. The importance of glutathione in oxidative status of Rhizobium leguminosarum biovar viciae under Cd exposure [J]. Enzyme and Microbial Technology, 40: 132 –137.

Couldridge C, Newbury, Ford-Lloyd B, et al. 2007. Exploring plant responses to aphid feeding using a full Arabidopsis microarray reveals a small number of genes with significantly altered expression [J]. Bulletin of Entomological Research, 97: 523 –532.

Cui F, Li J, Ding AM, et al. 2011. Conditional QTL mapping for plant height with respect to the length of the spike and internode in two mapping populations of wheat [J]. Theoreticaland Applied Genetics, 122: 1 517 –1 536.

Davey MR, Anthony P, Power JB, et al. 2005. Plant protoplasts: status and biotechnological perspectives [J]. Biotechnology Advances, 23: 131 –171.

Deflora S, Izzotti A., Dagostini F. 2001. Mechanism of N acetylcysteine in the prevention of DNA damage and cancer, with special reference to smoking related endpoints [J]. Carcinogenesis, 22: 999.

Deng W, Bian WP, Xian ZQ, et al. 2011. Molecular cloning and characterization of a pathogen-related protein PR10 gene in pyrethrum (*Chrysanthemum cinerariaefolium*) flower response to insect herbivore [J]. 10: 19 514 –1 9521.

Dewitt W, Murray JAH. 2003. The plant cell cycle [J]. Annual Review of Plant Biology, 54: 235 –264.

Dhalla NS, Elmoselhi AB, Hata T, et al. 2000. Status of myocardial antioxidants in ischemia-reperfusion injury [J]. Cardiovascular Research, 47: 446 – 459.

Di Toppi LS, Gabbrielli R. 1999. Response to cadmium in higher plants [J]. Environment and Experiment Botany, 41: 105 – 130.

Dong J, Bowra S, Vincze E. 2010. The development and evaluation of single cell suspension from wheat and barley as a model system: a first step towards functional genomics application [J]. BMC Plant Biology, 10: 239.

Druka A, Muehlbauer G, Druka I, et al. 2006. An atlas of gene expression from seed to seed through barley development [J]. Functional and Integrated Genomics, 6: 202 – 211.

Durand TC, Sergeant K, Planchon S, Carpin S. 2010. Acute metal stress in *Populus tremula* × *P. alba* (717 – 1B4 genotype): leaf and cambial proteome changes induced by cadmium^{2+} [J]. Proteomics, 10, 349 – 368.

Eide D, Broderius M, Fett J, et al. 1996. A novel iron regulated metal transporter from plants identified by functional expression in yeast [J]. Proceedings of the National Academy of Sciences, USA, 93: 5 624 – 5 628.

Fagioni M, Zolla L. 2009. Does the different proteomic profile found in apical and basal leaves of spinach reveal a strategy of this plant toward cadmium pollution response [J]. Journal of Proteome Research, 8: 2 519 – 2 529.

Fahim M, Ayala-Navarrete L; Millar A. 2010. Hairpin RNA derived from viral NIa gene confers immunity to wheat streak mosaic virus infection in transgenic wheat plants [J]. Plant Biotechnology Journal, 7: 821 – 834.

Farquhar GD, Sharkey TD. 1982. Stomatal conductance and photosynthesis [J]. Annual Review of Plant Physiology, 33: 317 – 345.

Florent V, Céline D, Véronique H, et al. 2011. Investigating the plant response to cadmium exposure by proteomic and metabolomic approaches [J]. Proteomics, 11, 1 650 – 1 663.

Forster BP, Ellis RP, Thomas WTB, et al. 2000. The development and application of molecular markers for abiotic stress tolerance in barley [J]. Journal of Experiment Botany, 51: 19 – 27.

Frankart C, Eullaffroy P, Vernet G. 2003. Comparative effects of four herbicides on non-photochemical fluorescence quenching in Lemna minor [J]. Environmental and Experimental Botany, 49: 159 – 168.

Fuhrer J. 1982. Ethylene biosynthesis and cadmium toxicity in leaf tissue of beans (*Phaseolus vulgaris* L.) [J]. Plant Physiology, 70: 162 – 167.

García-Heredia JM, Hervas M, De la Rosa MA. 2008. Navarro JA: Acetylsalicylic acid induces programmed cell death in Arabidopsis cell cultures [J]. Planta, 228: 89 – 97.

Garnier L, Simon-Plas F, Thuleau P, et al. 2006. Cadmium affects tobacco cells by a series of three waves of reactive oxygen species that contribute to cytotoxicity [J]. Plant Celland Environment, 29: 1 956 – 1 969.

Ge CL, Wang ZG, Wan DZ, et al. 2009. Proteomic study for responses to cadmium stress in rice seedlings [J]. Rice Science, 16: 33 – 44.

Ghelis T, Bolbach G, Clodic G, et al. 2008. Jeannette E: Protein tyrosine kinasesand protein tyrosinephosphatases are involved in abscisic acid-dependent processes in Arabidopsis seeds and suspension cells [J]. Plant Physiology, 148: 1 668 – 1 680.

Gill SS, Khan NA, Tuteja N. 2012. Cadmium at high dose perturbs growth, photosynthesis and nitrogen metabolism while at low dose it up regulates sulfur assimilation and antioxidant machinery in garden cress (*Lepidium sativum* L.) [J]. Plant Science, 182: 112 – 120.

Gil-Humanes J, Pistón F, Tollefsen S, et al. 2010. Effective shutdown in the expression of celiac disease-related wheat gliadin T-cell epitopes by RNA interference [J]. Proceedings of the National Academy of Sciences of the United States of America, 107: 17 023 – 17 028.

Gil-Humanes, Pistón F, Hernando A, et al. 2008. Silencing of γ-gliadins by RNA interference (RNAi) in bread wheat [J]. Journal of Cereal Science, 48: 565 – 568.

Goplen D, Wang J, Enger PO, et al. 2006. Protein disulfide isomerase expression is related to the invasive properties of malignant glioma [J]. Cancer research, 66: 20.

Guo P, Baum M, Grando S, et al. 2009. Rajeev, Graner A, Valkoun J. Differentially expressed genes between drought-tolerant and drought-sensitive barley genotypes in response to drought stress during the reproductive stage [J]. Journal of Experimental Botany, 60: 3 531 – 3 544.

Guo Y, Marschner H. 1995. Uptake, distribution and binding of cadmium and nickel in diferent plant species [J]. Journal of Plant Nutrition, 18: 2 691 – 2 706.

Hajduch M, Rakwal R, Agrawal GK, et al. 2001. High-resolution two-dimensional electrophoresis separation of proteins from metal-stressed rice (*Oryza sativa* L.) leaves: drastic reductions/fragmentation of ribulose – 1, 5 – bisphosphate carboxylase/oxygenase and induction of stress-related proteins [J]. Electrophoresis, 22: 2 824 – 2 831.

Hall JL. 2002. Cellular mechanisms for heavy metal detoxification and tolerance [J]. Journal of Experimental Botany, 53: 1 – 11.

Hamilton A, Voinnet O, Chappell L, et al. 2002. Two classes of short interfering RNA in RNA silencing [J]. The EMBO Journal, 21: 4 671 – 4 679.

Harmer SL. 2002. Microarrays: determining the balance of cellular transcription [J]. Plant Cell, 12: 613 – 615

Harwood WA, Bartlett JG, Alves SC, et al. 2009. Barley transformation using agrobacterium-mediated techniques. Methods in molecular biology, transgenic wheat, barley and oats, 478: 137 – 147.

He L, Girijashanker K, Dalton KP, et al. 2006. ZIP8, member of the solute-carrier – 39 (SLC39) metal-transporter family: characterization of transporter properties [J]. Molecular Pharmacology, 70: 171 – 180.

Himeno S, Yanagiya T, Fujishiro H. 2009. The role of zinc transporters in cadmium and manganese transport in mammalian cells [J]. Biochimie, 91: 1 218 – 1 222.

Hsu YT, Kao CH. 2003. Changes in protein and amino acid contents in two cultivars of rice seedlings with different apparent tolerance to cadmium ［J］. Plant Growth Regulation, 40: 147 – 155.

Inserte J, Tajmor G, Hofstaetter B, et al. 2000. Influence of simulated ischemia on apoptosis induction by oxidants stress in adult cardiomyocytes of rat. American Journal of Physiology ［J］. Heart and Circulatory Physiology, 278: 94 – 99.

JaccoudD, Peng K, Feinstein D, et al. 2001. Diversity Arrays: a solid state technology for sequence information independent genotyping ［J］. Nucleic Acids Research, 29: e25.

Jegadeesan S, Yu K, Poysa V, et al. 2010. Mapping and validation of simple sequence repeat markers linked to a major gene controlling seed cadmium accumulation in soybean ［Glycine max （L.） Merr］ ［J］. Theoretical and Applied Genetics, 121: 283 – 294.

Johnson KD, Chrispeels MJ. 1992. Tonoplast-bound protein kinase phosphorylates tonoplast intrinsic protein ［J］. Plant Physiology, 100: 1 787 – 1 795.

Kieffer P, Dommes J, Hoffmann L, et al. 2008. Quantitative changes in protein expression of cadmium-exposed poplar plants ［J］. Proteomics, 8: 2 514 – 2 530.

Kim DY, Bovet L, Maeshima M, et al. 2007. The ABC transporter AtPDR8 is a cadmium extrusion pump conferring heavy metal resistance ［J］. Plant Journal, 50: 207 – 218.

Knox RE, Pozniak CJ, Clarke FR, et al. 2009. Chromosomal location of the cadmium uptake gene （Cdu1） in durum wheat ［J］. Genome, 52: 741 – 747.

Krupa Z, Baszynski T. 1995. Some aspects of heavy-metals toxicity towards photosynthetic apparatus- direct and indirect effects on light and dark reactions ［J］. Acta Physiologiae Plantarum, 17: 177 – 190.

Kumar LS. 1999. DNA markers in plant improvement: An overview ［J］. Biotechnology Advances, 17: 143 – 182

Lagrifoul A, Mocquor B, Mench M, et al. 1998. Cadmium toxicity effects on growth, mineral and chlorophyll content, and activities of stress related enzymes in young maize plants (*Zea mays* L.) [J]. Plant and soil, 200: 241 – 250.

Lange M, Vincze E, Wieser H, et al. 2007. Suppression of C-Hordein synthesis in barley by antisense constructs results in a more balanced amino acid composition [J]. Journal of Agricultural and Food Chemistry, 55: 6 074 – 6 081.

Larsson EH, Bornman JF, Asp H. 1998. Influence of UV – B radiation and Cd^{2+} on chlorophyll fluorescence, growth and nutrient content in *Brassica napus* [J]. Journal of Experimental Botany, 49: 1 031 – 1 039.

Ledoigt G, Griffaut B, Debiton E, et al. 2006. Analysis of secreted protease inhibitors after water stress in potato tubers [J]. Internal Journal of Biological Macromolecules, 38: 268 – 271.

Lee K, Bae DW, Kim SH, et al. 2010. Comparative proteomic analysis of the short-term responses of rice roots and leaves to cadmium [J]. Journal of Plant Physiology, 167: 161 – 168.

Li YL, Dong YB, Cui DQ, et al. 2008. The genetic relationship between popping expansion volume and two yield components in popcorn using unconditional and conditional QTL analysis [J]. Euphytica, 162: 345 – 351.

Libault M, Farmer A, Brechenmacher L, et al. 2010. Complete transcriptome of the soybean root hair cell, a single-cell model, and its alteration in response to Bradyrhizobium japonicum infection [J]. Plant Physiology, 152: 541 – 552.

Lin YF, Liang HM, Yang SY, et al. 2009. Arabidopsis IRT3 is a zinc-regulated and plasma membrane localized zinc/iron transporter [J]. New Phytologist, 182: 392 – 404.

Liu HH, Zhao SW, Zhang YF, et al. 2011. Reactive oxygen species-mediated endoplasmic reticulum stress and mitochondrial dysfunction contribute to polydatin-induced apoptosis in human nasopharyngeal carcinoma CNE cells [J]. Journal of Cellular Biochemistry, 112: 3 695 – 3 703.

Liu Q, Singh S, Green A. 2002. High-oleic and high-stearic cottonseed oils: Nutritionally improved cooking oils developed using gene silencing [J]. Journal of the American College Nutrition, 21 (Suppl 3): 205S – 211S.

Liu XJ, Huang BB, Lin J, et al. 2006. A novel pathogenesis-related protein (SsPR10) from Solanum surattense with ribonucleolytic and antimicrobial activity is stress-and pathogen-inducible [J]. Journal of Plant Physiology, 163: 546 – 556.

Lo Schiavo FB, Baldan D, Compagnin R, et al. 2000. Mariani, MT. Spontaneous and induced apoptosis in embryo genic cell cultures of carrot (Dancus carota L.) in different physiological atates [J]. European Journal of Cell Biology, 79: 294 – 298.

Lorkowski S, Cullen PM. 2003. Analysing Gene Expression: A Handbook of Methods Possibilities and Pitfalls [J]. New York: John Wiley and Sons, Inc, 200 – 256.

MasoodA, Iqbal N, Khan NA. 2012. Role of ethylene in alleviation of cadmium-induced photosynthetic capacity inhibition by sulphur in mustard [J]. Plant cell and environment, 35: 524 – 533.

Matthews PR, Wang MB, Waterhouse PM, et al. 2001. Marker gene elimination from transgenic barley, using co-transformation with adjacent 'twin T-DNAs' on a standard Agrobacterium transformation vector [J]. Molecular Breeding, 7: 195 – 202.

McCabe PF, Leaver CJ. 2000. Programmed cell death in cell cultures [J]. Plant Molecular Biology, 44: 359 – 368.

McCouch SK, Chao YG, Yano M, et al. 1997. Report on QTL nomenclature. Rice Genetics Newsletters, 1: 11 – 13.

Menges M, Hennig L, Gruissem W, et al. 2003. Genome-wide gene expression in an Arabidopsiscell suspension [J]. Plant Molecular Biology, 53: 423 – 442.

Mesfin A, Smith KP, Dill-Macky R, et al. 2003. Quantitative trait loci for fusarium head blight resistance in barley detected in a two-rowed by six-rowed population [J]. Crop Sci ence, 43: 307 – 318.

Milner MJ, Seamon J, CraftE, et al. 2013. Transport properties of members of the ZIP family in plantsand their role in Zn and Mn homeostasis [J]. Journal of Experimental Botany, 64: 369 – 381.

Milone TM, Sgherri C, Clijsters H, et al. 2003. Antioxidative responses of wheat treated with realistic concentration of cadmium [J]. Environmental and Experimental Botany, 50: 265 – 276.

Miyama M, Hanagata N. 2007. Microarray analysis of 7029 gene expression patterns in burma mangrove under high-salinity stress [J]. Plant Science, 172: 948 – 957.

Nadimpalli R, Yalpani N, Johal GS, et al. 2000. Prohibitins, stomatins, and plant disease response genes compose a protein superfamily that controls cell proliferation, ion channel regulation, and death [J]. The Journal of Biological Chemistry, 275: 29 579 – 29 586.

Nebert DW, He L, Wang B, et al. 2009. Discovery of ZIP transporters that participate in cadmium damage to testis and kidney [J]. Toxicology and Applied Pharmacology, 238: 250 – 257.

Nielsen HD, Brownlee C, Coelho SM, et al. 2003. Inter-population differences in inherited copper tolerance involve photosynthetic adaptation and exclusion mechanisms in Fucus serratus [J]. New Phytologist, 160: 157 – 165.

Ogita S, Uefuji H, Yamaguchi Y, et al. 2003. RNA interference-Producing decaffeinated coffee plants [J]. Nature, 423: 823 – 823.

Ogitas, Uei H, Morimoto M, et al. 2004. Application of RNAi to confirm the obmmine asthemajor intermediate for cafeine biosynthesis in cofee plants with potential forconstruction of decafeinated varleties [J]. Plant Molecular Biology, 54: 931 – 941.

Ortiz DF, Kreppel L, Speiser DM, et al. 1992. Heavy metal tolerance in the fission yeast requires an ATP binding cassette-type vacuolar membrane transporter [J]. The EMBO Journal, 11: 3 491 – 3 499.

Ortiz DF, Kreppel L, Speiser DM, et al. 1992. Heavy metal tolerance in the fission yeast requires an ATPbinding cassette-type vacuolar membrane transporter [J]. EMBO Journal, 11: 3 491 – 3 499.

Ortiz DF, Ruscitti T, McCue KF, et al. 1995. Transport of metalbinding peptides by HMT1, a fission yeast ABC-type vacuolar membrane protein [J]. Journal of Biological Chemistry, 270: 4 721 – 4 728.

Ortiz DF, Ruscitti T, McCue KF, et al. 1995. Transport of metalbinding peptides by HMT1, a fission yeast ABC-type vacuolar membrane protein [J]. The Journal of Biological Chemistry, 270: 4 721 – 4 728.

Ouyang Y, Zhang J, Yang H, et al. 2004. Genome-wide analysis of defense-responsive genes in bacterial blight resistance of rice mediated bythe recessive R gene xa13 [J]. Molecular Genetics and Genomics, 271: 111 – 120.

Padmaja K, Prasad D, Prasad A. 1990. Inhibition of chlorophyll synthesis in *Phaseolus vulgaris* L. seedlings by cadmium acetate [J]. Photosynthetica, 24: 399 – 405.

Padmalatha KV Dhandapani G, Kanakachari M, et al. 2012. Genome-wide transcriptomic analysis of cotton under drought stress reveal significant down-regulation of genes and pathways involved in fibre elongation and up-regulation of defense responsive genes [J]. Plant Molecular Biology, 78 (3): 223 – 246.

Padmalatha KV, Dhandapani G, Kanakachari M, et al. 2008. Manganese efficiency in barley: identification and characterization of the metal ion transporter HvIRT1 [J]. Plant Physiology, 148: 455 – 466.

Papageorgiou GC, Govindjee. 2004. Advances in Photosynthesis and Respiration [J]. In: Chlorophyll a fluorescence: a signature of photosynthesis, 97: 782 – 791.

Pence NS, Larsen PB, Ebbs SD, et al. 2000. Themolecular basisfor heavy metal hyperaccumulation in *Thlaspi caerulescens* [J]. Proceedings of the National Academy of Sciences, USA. 97: 4 956 – 4 960.

Pesquet E, Barbier O, Ranocha P, et al. 2004. Multiple gene detection by in situ RT-PCR in isolated plant cells and tissues [J]. Plant Journal, 39: 947 – 959.

Picard P, Bourgoin-Greneche M, Zivy M. 1997. Potential of two-dimensional electrophoresis in routine identification of closely related durum wheat lines [J]. Electrophoresis, 18: 174 – 181.

Pischke MS, Huttlin EL, Hegeman AD, et al. 2006. A transcriptome-based characterization of habituation in plant tissue culture [J]. Plant Physiology, 140: 1 255 – 1 278.

Podder S, Chattopadhyay A, Bhattacharya S, et al. 2011. Fluoride-induced genotoxicity in mouse bone marrow cells: effect of buthionine sulfoximine and N-acetyl-L-cysteine [J]. Journal of Applied Toxicology, 31: 618 – 625.

Prasad MNV. 1995. Cadmium toxicity and tolerance in vascular plants [J]. Environmental and Experimental Botany, 35: 525 – 545.

Preiss J, Ball K, Smith-White B, et al. 1991. Starch biosynthesis and its regulation [J]. Biochemical Society Transactions, 19: 539 – 547.

Rao SR, Ravishankar GA. 2002. Plant cell cultures: Chemical factories of secondary metabolites [J]. Biotechnology Advances, 20: 101 – 153.

Rauser WE, Ackerley CA. 1987. Localization of Cadmium in granules within differentiating and mature root cells [J]. Canadian Journal Botany, 65: 643 – 646.

Rauser, WE. 1990. Phytochelatins [J]. Annual Review Biochemistry, 59, 61 – 86.

Regina A, Bird, BirdA, Topping D, et al. 2006. High-amylose wheat generated by RNA interference improves indices of large-bowel health in rats [J]. Proceedings of National Academy of Sciences of the United States of America, 103: 3 546 – 3 551.

Romero Puertas MC, Rodriguez Serrano M, Corpas FJ, et al. 2004. Cadmium-induced subcellular accumulation of $O_2^{\cdot -}$ and H_2O_2 in pea leaves [J]. Plant Cell and Environment, 27: 1 122 – 1 134.

Roosens NHCJ, Willems G, Saumitou-Laprade P, 2008. Using Arabidopsis to explore zinc tolerance and hyperaccumulation [J]. Trends in Plant Science, 13: 208 – 215.

Salekdeh GH, Siopongco J, Wade LJ, et al. 2002. Protenmic analysis of rice leaves during drought stress and recover [J]. Proteomics, 2: 1 131 – 1 145.

Sanità di Toppi L, Gabbrielli R. 1999. Response to cadmium in higher plants [J]. Environmental and Experimental Botany, 41: 105 – 130.

Sarowar S, Kim YJ, Kim EN, et al. 2005. Overexpression of a pepper basic pathogenesis-related protein 1 gene in tobacco plants enhances resistance to heavy metal and pathogen stresses [J]. Plant Cell Reports, 24: 216 – 224.

Schaller GE, Sussman MR. 1998. Phosphorylation of the plasma-membrane H^+ – ATPase of oat roots by a calcium-stimulated protein kinase [J]. Planta, 173: 509 – 518.

Schneider T, Schellenberg M, Meyer S, et al. 2009. Quantitative detection of changes in the leaf-mesophyll tonoplast proteome in dependency of a cadmium exposure of barley (Hordeum vulgare L.) plants [J]. Proteomics, 9: 2 668 – 2 677.

Schreiber U. 2004. Pulse-amplitude (PAM) fluorometry and saturation pulse method. In: Papageorgiou GC, Govindjee [J]. Chlorophyll A Fluorescence: A Signature of Photosynthesis. Springer, 279 – 319.

Schweikl H, Spagnuolo G, Schmalz G. 2006. Genetic and cellular toxicology of dental resin monomers [J]. Journal of Dental Research, 85: 870 – 877.

Sheen J. 2001. Signal transduction in maize and Arabidopsis mesophyll protoplasts [J]. Plant Physiology, 127: 1 466 – 1 475.

Shim KS, Cho SK, Jeung JU, et al. 2004. Identification of fungal (Magnaporthe grisea) stress-induced genes in wild rice (Oryza minuta) [J]. Plant Cell Reports, 22: 599 – 607.

Shimazaki K, Sakaki T, Kondo D, et al. 1980. Active oxygen participation in chlorophyll destruction and lipid peroxidation in SO_2 fumigated leaves of spinach [J]. Plant cell and Physiology, 21: 1 193 – 1 204.

Shinozaki K, Yamaguchi-Shinozaki K, Seki M. 2003. Regulatory network of gene expression in the drought and cold stress responses [J]. Current Opinion in Plant Biology, 6: 410 – 417.

Sift GX, Xu QS, Xie KB. 2003. Physiology and ultrastructure of azolla imbficata as afected by Hg^{2+} and Cd^{2+} toxicity [J]. Acta Botanica Sinica, 4: 437 – 444.

Siomi H, Siomi MC. 2009. The road to reading the RNA-interference code [J]. Nature, 457: 396 – 404.

Song WY, Wang GL, Chen L, et al. 1995. The rice disease resistance gene, Xa21, encodes a receptor kinase-like protein [J]. Science, 270: 1 804 – 1 806.

Spreitzer RJ, Salvucci ME. 2002. Rubisco: structure, regulatory interactions, and possibilities for a better enzyme [J]. Annual Review of Plant Biology, 53: 449 – 475.

Stears RL. 2003. Trends in microarray analysis [J]. Nature, 9: 140 – 145.

Sun XM, Zhang JX, Zhang HJ, et al. 2010. The responses of Arabidopsis thaliana to cadmium exposure explored via metabolite profiling [J]. Chemosphere, 78: 840 – 845.

Swidzinski JA, Sweetlove LJ, Leaver CJ. 2002. A custom microarray analysis of gene expression during programmed cell death in Arabidopsis thaliana [J]. Plant Journal, 30: 431 – 446.

Tanhuanpää P, Kalendar R, Schulman AH, et al. 2007. A major gene for grain cadmium accumulation in oat (*Avena sativa* L.) [J]. Genome, 50: 588 – 594.

Tanurdzic M, Vaughn MW, Jiang HM, et al. 2008. Epigenomic consequences of immortalized plant cell suspension culture [J]. Plos Biology, 6: 2 880 – 2 895.

Toppi LS, Gabbrielli R. 1999. Response to cadmium in higher plants [J]. Environmental and Experimental Botany, 41: 105 – 130.

Travella S, Klimm TE, Keller B. 2006. RNA interference-basedgene silencing as an efficient tool for functional genomics in hexaploid bread wheat [J]. Plant Physiology, 142: 6 – 20.

Travella S, Ross S M, Harden J, et al. 2005. Comparis on of transgenic barley lines produced by particle bombardment and Agrobacterium-mediated techniques [J]. Plant Cell Reports, 23: 780 – 789.

Ueno T, Yamada M, Igarashi Y, et al. 2011. N-acetyl cysteine protects osteoblastic function from oxidative stress [J]. Journal of Biomedical Materials Research, part A, 99A: 523 – 531.

Uraguchi S, Mori S, Kuramata M, et al. 2009. Root-toshoot Cd translocation via the xylem is the major process determining shoot and grain cadmium accumulation in rice [J]. Journal of Experimental Botany, 60: 2 677 – 2 688.

Van Assche F, Clijsters C. 1990. Effects of metals on enzyme activity in plants [J]. Plant Cell Environ, 13: 195 – 206.

Van Loon LC, Van Strien EA. 1999. The families of pathogenesis-related proteins, their activities and comparative analysis of PR – 1 type proteins [J]. Physiologal and Molecular Plant Pathology, 55: 85 – 97.

Varshney RK, Paulo MJ, Grando FA. 2012. Genome wide association analyses for drought tolerance related traits in barley (*Hordeum vulgare* L.) [J]. Field Crops Research, 126: 171 – 180.

Vaucheret H, Beclin C, Fagard M. 2001. Posttranscript ion gene silencing in plants [J]. Journal of Cell Science, 114: 3 083 – 3 091.

Verbruggen N, Hermans C, Schat H. 2009. Molecular mechanisms of metal hyperaccumulation in plants [J]. New Phytologist, 181: 759 – 776.

Vert G, Grotz N, Dedaldechamp F, et al. 2002. IRT1, an Arabidopsis transporter essential for iron uptake from the soiland for plant growth [J]. Plant Cell, 14: 1 223 – 1 233.

Vázquez MD, Poschenrieder C, Barceld Y. 2006. Cadmium in bean roots [J]. New Phytologist, 120: 215 – 226

Walter A, Romheld V, Marschner H, et al. 1994. Is the relcase of phytsiderophores in zinc-deficient wheat plants a response to impaired iron utilization [J]. Physiologia Plantarum, 92: 493 – 500.

Wang YC, Ma H, Liu GF, et al. 2008. Analysis of gene expression profile of Limonium bicolor under NaHCO$_3$ stress using cDNA microarray [J]. Plant Molecular Biology Reporter, 26: 241 – 254.

Wen YX, Zhu J. 2005. Multivariable conditional analysis for complex trait and its components [J]. Acta Genetica Sinica, 32: 289 – 296.

Wong MK, Chuah GK, Ang KP, et al. 1986. Interactive effects of lead, cadmium and copper combinations in the uptake of metals and growth of Brassica chinensis [J]. Environmental and Experimental Botany, 26: 331 – 339.

Wu DZ, Qiu L, Xu LL, et al. 2011. Genetic Variation of HvCBF Genes and Their Association with Salinity Tolerance in Tibetan Annual Wild Barley [J]. Plos One, 6: e22 938.

Wu FB, Dong J, Qian QQ, et al. 2005. Subcellular distribution and chemical form of Cd and Cd-Zn interaction in different barley genotypes [J]. Chemosphere, 60: 1 437 – 1 446.

Wu FB, Qian QQ, Zhang GP. 2003. Genotypic differences in effect of Cadmium on growth parameters of barley during ontogenesis [J]. Communications in Soil Science and Plant Analysis, 34: 2 021 – 2 034.

Wu FB, Zhang GP, Dominy P, et al. 2007. Differences in yield components and kernel Cd accumulation in response to Cd toxicity in four barley genotypes [J]. Chemosphere, 70: 83 – 92

Wu FB, Zhang GP, Dominy P. 2003. Four barley genotypes respond differently to cadmium, lipid peroxidation and activities of antioxidant capacity [J]. Environmental and Experimental Botany, 50: 67 – 78.

Wu FB, Zhang GP, Dominy P. 2003. Four barley genotypes respond differently to cadmium: lipid peroxidation and activities of antioxidant capacity [J]. Environmental and Experimental Botany, 50: 67 – 78.

Xue DW, Chen MC, Zhang GP. 2009. Mapping of QTLs associated with cadmium tolerance and accumulation during seedling stage in rice (*Oryza sativa*

L.) [J]. Euphytica, 165: 587 – 596

Yang TJW, Perry PJ, Ciani S, et al. 2008. Manganese deficiency alters the patterning and development of root hairs in Arabidopsis [J]. Journal of Experimental Botany, 59: 3453 – 3464.

Yang YJ, Cheng LM, Liu ZH. 2007. Rapid effect of cadmium on lignin biosynthesis in soybean roots [J]. Plant Science, 172: 632 – 639.

Ye ZH, Wang J, Liu Q, et al. 2009. Genetic relationships among panicle characteristics of Rice (*Oryza sativa* L.) using unconditional and conditional QTL analyses [J]. Journal of Plant Biology, 52: 259 – 267.

Yoshizawa Y, Toyoda K, Arai H, et al. 2004. CO_2 – responsive expression and gene organization of three ribulose – 1, 5 – bisphosphate carboxylase/oxygenase enzymes and carboxysomes in Hydrogenovibrio marinus strain MH – 110 [J]. Journal of Bacteriology, 186: 5685 – 5691

Zenk MH. 1996. Heavy metal detoxification in higher plants-a review [J]. Gene, 179, 21 – 30.

Zhang FS, Romheld V, Marschner H. 1991. Release of zinc mobilizing root exudates in different plant-species as affected by zinc nutritional atatus [J]. Journal of Plant Nutrition, 14: 657 – 686.

Zhao LN, Zhao Q, Ao GM. 2009. The foxtail millet Si69 gene is a Wali7 (wheat aluminum-induced protein 7) homologue and may function in aluminum tolerance [J]. Chinese science bulletin, 54: 1697 – 1706.

Zhou FS, Zhang ZG, Gregersen PL, et al. 1998. Molecular characterization of the oxalate oxidase involved in the response of barley to the powdery mildew fungus [J]. Plant Physiology, 117: 33 – 41.

Zhou Gaofeng, Johnson Peter, Ryan Peter R. 2012. Delhaize Emmanuel and Zhou Meixue. Quantitative trait loci for salinity tolerance in barley (*Hordeum vulgare* L.) [J]. Molecular Breeding, 9: 427 – 436.

Zielinski RE. 1998. Calmodulin and calmodulin-binding proteins in plants [J]. Annual Review of Plant Biology, 49: 697 – 725.

Zientara K, Wawrzyńska A Łukomska J, López-Moya J R, et al. 2009. Activity of the AtMRP3 promoter in transgenic Arabidopsis thaliana and Nicotiana-tabacum plants is increased by cadmium, nickel, arsenic, cobalt and lead but not by zinc and iron [J]. Journal of Biotechnology, 139: 258 – 263.

Ziment I. 1986. Acetylcysteine-A drug with an interesting past and a fascinating future [J]. Respiration, 50 (Suppl 1): 26 – 30.

缩略词表

ABBREVIATIONS

· OH	Hydroxyl radical	羟基自由基
Ala	Alanine	丙氨酸
AMP	Ampcilin	青霉素
APX	Ascobate peroxidase	抗坏血酸过氧化物酶
Arg	Arginine	精氨酸
AsA	Ascorbic acid	抗坏血酸
Asp	Aspartic acid	天冬氨酸
BAP	6 – benzylaminopurine	6 – 苄氨基喋呤
BNS	Basic nutrition solution	基本营养液
CAT	Catalase	过氧化氢酶
Ci	Intracellular CO_2 concentration	胞间 CO_2 浓度
CLSM	confocal laser scanning microscopy	激光共聚焦扫描显微镜
CW	Cell wall	细胞壁
Cys	Cysteine	半胱氨酸
DArT	Diversity arrays technology	多样性微阵列技术
DW	Dry weight	干重
FAO	Food and agriculture organization	联合国粮食与农业组织
GL	Granum lamellae	叶绿体基粒片层
Glu	Glutamic acid	谷氨酸
Gly	Glycine	甘氨酸
GPX	Glutathione peroxidase	谷胱甘肽过氧化物酶
GR	Glutathione reductase	谷胱甘肽还原酶
GR	Glutathione reductase	谷胱甘肽还原酶

（续表）

GSH	Glutathione	还原性谷胱甘肽
GST	Glutathione – S – transferase	谷胱甘肽 – S – 转移酶
H_2O_2	Hydogen peroxide	过氧化氢
His	Histidine	组氨酸
Ile	Isoleucine	异亮氨酸
Leu	Leucine	亮氨酸
LTP	Lipid transfer protein	脂转移蛋白
Lys	Lysine	赖氨酸
M	Mitochondrion	线粒体
MCIM	Mixed composite interval mapping	复合区间作图法
Met	Methionine	甲硫氨酸
MTs	Metallothioneins	金属硫蛋白
N	Nucleus	细胞核
NAC	N – acetylcysteine	乙酰半胱氨酸
NL	Nucleolus	核仁
$O_2^{\cdot -}$	Superoxide anion radical	超氧自由基
Os	Osmiophilic plastolobuli	嗜锇颗粒
P	Plastid	质体
PCs	Phytochelatins	植物螯合肽
Phe	Phenylalanine	苯丙氨酸
Pn	Net photosynthetic rate	净光合速率
POD	Guaiacol peroxidase	愈创木酚过氧化物酶
Pro	Proline	脯氨酸
PRP/PRs	pathogenesis – related proteins	病程相关蛋白
QTL	Guantitative trait locus	数量性状基因座
ROS	Reactive oxygen species	活性氧
Sc	Stomatal conductance	气孔导度
Ser	Serine	丝氨酸
SG	Starch grain	淀粉粒
SL	Stroma lamellae	叶绿体基质片层

（续表）

SNP	Single nucleotide polymorphism	单核苷酸多态性标记
SOD	Superoxide dismutase	超氧化物歧化酶
SSR	Simple sequence repeats	简单重复序列标记
Thr	Threonine	苏氨酸
Tr	Transpiration rate	蒸腾速率
Tyr	Tyrosine	酪氨酸
V	Vacuole	液泡
Val	Valine	缬氨酸
WHO	World health organization	世界卫生组织

附 录

APPENDIX

附录1 基因芯片相关结果

S1.1 基因芯片耐镉低镉积累相关基因基因荧光定量 PCR 验证引物序列表

S1.1 The sequence of primers for RT - PCR

基因注释 Gene nnotation	NCBI 登录号 Accession No.	正向引物（5'-3'） Forward primer（5'-3'）	反向引物（5'-3'） Reverse primer（5'-3'）
ZIP - like zinc transporter	AAK69429.1	TCAGGCCATTGCTGGCAGCG	CCAGCCCCAGCACGCGATACC
Zinc transporter protein ZIP1	BAC21508.1	AGTTCAGGCAAAGTTCAAGG	CCGTCGGGCTGTTCTCCGTT
ABC transporter	BAB93292.1	AGTTAGGCAGGAGCCTACACTC	TAGCCGCGTTCTCAAGCTC
ABC transporter family protein	NP_200978.1	CGGTGAGCAGGGTGTACCGC	CAGCAAGGCCCCACGCAAGA
MRP - like ABC transporter	BAB62557.1	AGTCTCGGCCGTCGATAAT	TCCGCCGTAAAGTAAGTG
P - type ATPase	CAC40030.1	TGCCAACACCGTCGCCGTTGA	GCTCGTACCCATGCAGGCTTCGC
Iron - phytosiderophore transporter	AAG17016.2	AAGCACACGGTTCCAGCTC	ACGATCAAGGTCGTAGTGGTC
Proteinase inhibitor - related protein	S53102	CAGGCCGTCGTCGTCATGGG	ACTTCTTGCATGGCCGCCG

（续表）

基因注释 Gene nnotation	NCBI 登录号 Accession No.	正向引物 (5' - 3') Forward primer (5' - 3')	反向引物 (5' - 3') Reverse primer (5' - 3')
Glutathione transferase F3	CAD29476.1	CTCATGCCGCCGGACCTTGG	ACGGAGAGTCCGCGAGTCGT
Pathogen – induced protein WIR1A	Q01482	CATACCCGCGCCGGAAGTGC	CGTGCATGTCTAGGCCGCCA
Pathogen – related protein	P16273	AAGCCACTGACGCGGAGGA	GGGGAACGCCGTGAGGAACG
Pathogenesis – related protein PR – 10a	AAF85972.1	CAGTGACGGACGGACAAGAAC	GAGAAGACCACCTTCCACAGC
T06168 pathogenesis related protein	P16273	TCTCTGGGCAGCCACCAGCA	TGTGTGGGGACCTCGTTGGG
Heat shock protein 101	AAF01280.1	TTCGCGTCACTCCCCAGT	TCAATGCGCCGGTTGTCCCC
Phosphoribosylanthranilate transferase	AAM19104.1	CGGCTCCGGAGCTGGCCATCAA	TTCGGCGCCATTCCTCCGCGTC
Glutamine – dependent asparagine synthetase	AAK49456.1	GATGATTTTCTAAATCCTTTTC	GCCCTCTTTGAACTATTGT
Putative indole – 3 – glycerol phosphate synthase	AAM64536.1	TAGTAGTTGCGAGACCACCG	ATATCGTTTATTATTATCCCG
Wheat aluminum induced protein wali 5	JQ2361	CCAAGCTGGGCGGCGATCCTC	TCTTCATCTCGGCGCCAGCGG
Wheat aluminum induced protein wali 3	JQ2360	CGCCAACGCGCAGTTTCCCA	TCGTCTCCACAAACGGCGGCAG
Actin（Control）	AY145451	TGGCTGACGCTGAGGACA	CGAGGGCGACCAACTATG

S1. 2 List of genes except for transport related whose expression were up – regulated in W6nk2 and down – regulated or no change in Zhenong8, and down regulated in Zhenong8 after 15 days exposure to 5 μmol/L Cd.

Annotation	Probe ID	Fold change * (Cd treatments/control)		Accession No	E-value
		W6nk2	Zhenong8		
Stress and defense response					
Wheat aluminum induced protein wali 5 [Triticum aestivum]	Contig2243_ s_ at	3.84	-2.30	JQ2361	8e-40
Wheat aluminum induced protein wali 3 [T. aestivum]	HVSMEb0009H14r2_ s_ at	2.89	-2.10	JQ2360	4e-40
Pathogen-related protein [Hordeum vulgare]	Contig5607_ s_ at	3.36	-2.06	P16273	e-128
Proteinase inhibitor-related protein [H. vulgare]	HD07M22r_ s_ at	3.42	-4.53	S53102	2e-29
Probenazole-inducible protein PBZ1 [Oryza sativa (japonica)]	HD08F14r_ x_ at	7.62	-1.95	T02973	e-19
Pathogenesis-related protein [H. vulgare]	Contig4056_ s_ at	13.42	-1.90	P32937	7e-46
Peroxidase [O. sativa]	Contig2115_ at	2.31	-1.82	AAC49819.1	e-79
T06168 pathogenesis related protein [H. vulgare]	Contig5605_ at	2.09	-1.82	P16273	e-88
Pathogenesis-related protein PR – 10a [O. sativa]	Contig4405_ x_ at	3.36	-1.77	AAF85972.1	6e-36
Pathogenesis-related protein 1a precursor [H. vulgare]	Contig4056_ at	14.80	-1.76	P32937	7e-46
Wheat aluminum induced protein wali 3 [T. aestivum]	Contig4750_ at	2.44	-1.76	JQ2360	e-43
Pathogen-induced protein WIR1A [T. aestivum]	Contig6519_ at	7.44	-1.74	Q01482	8e-12
Pathogenesis-related protein 1c precursor [H. vulgare]	Contig4054_ s_ at	12.93	-1.69	P32938	3e-84
Similar to human dimethylaniline monooxygenase [O. sativa (japonica)]	Contig11792_ at	4.27	-1.68	BAA88198.1	4e-30
Class III chitinase [O. sativa subsp. japonica]	Contig5023_ at	4.39	-1.65	AAG02504.1	2e-96

（续表）

Annotation	Probe ID	Fold change * (Cd treatment/s control)		Accession No	E-value
		W6nk2	Zhenong8		
Pathogenesis-related protein PR – 10a [O. sativa]	Contig4402_s_at	10.46	−1.55	AAF85972.1	6e−29
Putative stripe rust resistance protein Yr10 [Sorghum bicolor]	Contig18459_at	3.73	−1.55	AAM94294.1	4e−09
Permatin homolog PR5 [H. vulgare subsp.]	Contig2787_s_at	22.69	−1.52	T05973	e−133
Peroxidase (EC 1.11.1.7) [H. vulgare]	HVSMEm0005P05r2_at	18.67	−1.51	S14611	2e−23
Subtilisin-chymotrypsin inhibitor 2 [H. vulgare subsp.]	Contig3380_s_at	4.82	−1.50	T06181	9e−19
Wheat aluminum induced protein wali 3 [T. aestivum]	Contig4751_at	3.10	−1.49	JQ2360	6e−07
Putative stripe rust resistance protein Yr10 [S. bicolor]	baak13110_s_at	3.61	−1.41	AAM94294.1	6e−05
Pathogenesis-related protein PR – 10a [O. sativa]	Contig4406_x_at	2.67	−1.41	AAF85972.1	2e−38
Putative cytochrome P450 [O. sativa (japonica)]	Contig17284_at	3.43	−1.37	BAB19121.1	4e−62
Heat shock protein 101 [T. aestivum]	Contig21775_at	2.39	−1.26	AAF01280.1	2e−35
Pathogenesis-related protein type [Sambucus nigra]	Contig14498_at	2.47	−1.25	S51678	2e−57
OSJNBb0086G13.5 [O. sativa (japonica)]	Contig4131_at	2.10	−1.24	CAD41021.1	2e−95
Glutamate dehydrogenase [Brassica napus]	Contig4928_at	2.19	−1.23	BAB62170.1	e−105
Pathogenesis related protein – 1 [Zea mays]	Contig12046_at	29.26	−1.20	T02054	5e−57
Chitinase IV precursor [T. aestivum]	Contig4326_s_at	3.97	−1.19	AAD28733.1	4e−69
Putative wall-associated kinase 1 [O. sativa]	HT06F11u_s_at	2.92	−1.19	P55308	e−32
Pathogenesis-related protein 4 [H. vulgare]	Contig2550_x_at	14.31	−1.18	T06169	8e−77
Chitinase [H. vulgare subsp. vulgare]	Contig2992_s_at	3.43	−1.17	S48848	e−133
Pathogen-induced protein WIR1A [T. aestivum]	Contig23878_x_at	9.00	−1.16	Q01482	0.001
Heat shock protein 90 homolog precursor [H. vulgare]	Contig91_at	2.64	−1.16	P36183	e−121

（续表）

Annotation	Probe ID	Fold change * (Cd treatmentus control)		Accession No	E-value
		W6nk2	Zhenong8		
Pathogen-induced protein WIR1A [T. aestivum]	Contig813_at	2.62	-1.16	Q01482	3e-07
Peroxidase precursor, pathogen-induced [H. vulgare]	Contig2118_at	3.55	-1.15	T06172	e-154
Chitinase IV precursor [T. aestivum]	Contig4326_at	5.17	-1.13	AAD28733.1	4e-69
Putative stripe rust resistance protein [O. sativa (japonica)]	Contig17047_at	3.67	-1.12	BAB64601.1	4e-44
pathogenesis-related protein 4 [H. vulgare]	Contig639_at	20.33	-1.08	T06171	4e-12
CI2E [H. vulgare]	HPOe21w_s_at	2.61	-1.06	AAM22827.1	2e-14
Pathogenisis-related protein 1.2 [T. aestivum]	Contig2208_at	4.27	-1.01	CAA07474.1	9e-88
Pathogenesis-related protein 1 precursor [H. vulgare]	Contig2210_at	16.29	1.00	Q05968	2e-80
Pathogenesis related protein [H. vulgare subsp.]	Contig2214_s_at	20.40	1.02	S37166	5e-81
Pathogenesis-related protein PRB1-2 precursor [H. vulgare]	Contig2211_at	6.92	1.03	P35792	e-80
Pathogen-induced protein WIR1A [T. aestivum]	Contig5974_s_at	11.32	1.04	Q01482	e-24
Peroxidase [T. aestivum]	rbah13p07_s_at	8.32	1.04	AAM76682.1	2e-24
Pathogenesis-related protein 1a [H. vulgare subsp.]	Contig2209_at	14.26	1.06	S37166	5e-81
Defensin [T. aestivum]	Contig3216_at	2.73	1.07	BAC10287.1	e-20
Putative peroxidase [O. sativa (japonica)]	Contig11361_at	5.07	1.08	AAL34125.1	2e-73
Pathogenesis-related protein PRB1-3 precursor [H. vulgare]	Contig2212_s_at	35.35	1.09	P35793	8e-88
Chitinase [H. vulgare subsp. vulgare]	Contig2990_at	7.63	1.09	S48847	e-134
Putative cytochrome P450 [O. sativa (japonica)]	Contig18990_at	2.41	1.09	BAB39252.1	2e-40
Peroxidase [T. aestivum]	Contig2112_at	3.54	1.17	S61406	e-103
Disease resistance response protein-related [Arabidopsis thaliana]	Contig10245_at	5.62	1.20	NP_176113.1	9e-40

（续表）

Annotation	Probe ID	Fold change * (Cd treatments/control)		Accession No	E-value
		W6nk2	Zhenong8		
Type – 1 pathogenesis-related protein [H. vulgare]	Contig2213_ s_ at	6.31	1.22	S53101	e – 100
DnaJ protein homolog - kidney bean [Phaseolus vulgaris]	Contig7255_ at	2.21	1.25	T11855	3e – 19
Globulin-like protein [A. thaliana]	Contig10263_ at	2.16	1.26	NP_ 172255. 1	8e – 11
Chitinase [O. sativa (japonica)]	Contig23540_ at	3.35	1.27	JC5846	e – 40
Chitinase II precursor [T. aestivum]	Contig4324_ s_ at	6.71	1.31	AAD28730. 1	5e – 73
VArgininosuccinate lyase (AtArgH) [A. thaliana]	Contig6113_ at	3.00	1.32	NP_ 196653. 1	4e – 97
Barwin homolog wheatwin2 precursor [T. aestivum]	Contig2546_ at	2.65	1.32	T06486	3e – 64
Chitinase II precursor [T. aestivum]	Contig4324_ at	9.07	1.36	AAD28730. 1	5e – 73
Hypersensitive-induced reaction protein 3 [H. vulgare subsp.]	Contig3626_ s_ at	4.62	1.36	AAN17464. 1	e – 126
Putative lipoxygenase [O. sativa (japonica)]	Contig12574_ at	2.55	1.36	AAL83618. 1	e – 43
Putative peroxidase [O. sativa (japonica)]	Contig19929_ at	3.20	1.41	BAB89258. 1	e – 17
Pathogen-related protein [O. sativa]	Contig5368_ at	2.80	1.44	AAL27005. 1	e – 68
Stem rust resistance protein Rpg1 [H. vulgare subsp. vulgare]	Contig6547_ at	2.54	1.46	AAM76922. 1	4e – 50
Senescence-associated protein 5 [Hemerocallis hybrid]	Contig3054_ s_ at	2.42	1.48	AAC34855. 1	4e – 66
Allene oxide synthase [H. vulgare subsp. vulgare]	Contig3096_ s_ at	3.61	1.52	CAB86384. 1	e – 121
Putative hypersensitivity-related protein [O. sativa (japonica)]	Contig19684_ at	3.48	1.53	AAG13627. 1	5e – 35
Germin-like 12 [H. vulgare]	Contig31155_ s_ at	2.21	1.53	T05956	5e – 98
Ribosomal protein L17. 1, cytosolic [H. vulgare]	rbags123_ s_ at	2.00	1.53	S32578	2e – 43
Putative protein, F-box protein PP2-A13 [A. thaliana]	Contig11328_ at	2.28	1.60	NP_ 567108. 1	5e – 15
Germin A [H. vulgare]	Contig3151_ at	3.68	1.62	AAG00425. 1	e – 118

（续表）

Annotation	Probe ID	Fold change * (Cd treatments control)		Accession No	E-value
		W6nk2	Zhenong8		
Xylanase inhibitor protein I [T. aestivum]	Contig8905_at	2.10	1.62	CAD19479.1	e-99
Ribosomal protein S15 [A. thaliana]	Contig2523_at	2.00	1.62	NP_172256.1	6e-69
Germin E [H. vulgare]	AF250937_s_at	4.18	1.67	AAG00429.1	e-104
Oxalate oxidase-like protein or germin-like protein [H. vulgare]	Contig3157_at	3.17	1.69	T05956	e-45
Oxalate oxidase [T. aestivum]	Contig1518_at	5.16	1.73	AAF34811.1	e-117
Pathogen-related protein [O. sativa]	Contig5369_at	4.68	1.73	AAL27005.1	9e-79
Putative iron/ascorbate-dependent oxidoreductase [O. sativa (japonica)]	Contig4273_at	7.06	1.13	BAA95828.1	6e-52
putative iron/ascorbate-dependent oxidoreductase [O. sativa (japonica)]	Contig3568_at	2.41	-1.41	BAA95828.1	7e-86
Putative iron/ascorbate-dependent oxidoreductase [O. sativa (japonica)]	Contig3563_at	2.42	-1.61	BAA95828.1	2e-47
Similar to Lycopersicon pimpinellifolium Cf-2 gene [O. sativa (japonica)]	Contig23814_at	2.16	-1.18	BAA99381.1	4e-50
Thionin [H. vulgare]	Contig1579_s_at	3.26	1.60	AAB21531.1	2e-67
Thaumatin-like protein TLP8 [H. vulgare]	EBem10_SQ002_I10_s_at	12.51	-1.37	AAK55326.1	8e-04
Thaumatin-like protein TLP7 [H. vulgare]	Contig2789_at	24.03	-1.35	AAK55325.1	e-117
WIR1 protein [T. aestivum]	Contig9917_at	8.15	-1.33	S55368	e-04
Thaumatin-like protein TLP7 [H. vulgare]	Contig2790_s_at	10.94	-1.31	AAK55325.1	5e-74
Thaumatin-like protein TLP4 [H. vulgare]	Contig3947_s_at	2.26	-1.29	AAK55323.1	5e-71
Osmotin-like protein [O. sativa (japonica)]	Contig9094_at	2.50	-1.28	BAB67891.1	2e-63
GRAB2 protein [T. aestivum sp.]	Contig9031_at	3.56	1.58	CAA09372.1	5e-75

（续表）

Annotation	Probe ID	Fold change * (Cd treatments control)		Accession No	E-value
		W6nk2	Zhenong8		
Harpin induced gene 1 homolog [O. sativa]	Contig3744_ s_ at	2.56	1.23	T02662	3e – 60
Harpin induced gene 1 homolog [O. sativa]	Contig3746_ at	2.40	1.24	T02662	e – 72
T06988 pathogen-induced protein WIR1A [T. aestivum]	Contig939_ s_ at	2.18	1.07	Q01482	8e – 10
T06988 pathogen-induced proteinWIR1A [T. aestivum]	Contig2163_ at	7.43	1.08	Q01482	e – 07
T06988 pathogen-induced protein WIR1A [T. aestivum]	Contig2170_ at	2.61	1.09	Q01482	3e – 08
Hemolysin [Acanthamoeba polyphaga]	HS08O16u_ s_ at	– 1.6	– 2.11	AAA58585.2	2e – 07
Subtilisin-chymotrypsin inhibitor 2 [H. vulgare subsp.]	Contig3381_ s_ at	1.75	– 2.32	T06181	5e – 33
Physical impedance induced protein [Z. mays]	Contig3783_ at	1.2	– 3.14	AAC31615.1	2e – 17
Physical impedance induced protein [Z. mays]	Contig3783_ s_ at	1.33	– 2.84	AAC31615.1	2e – 17
Fatty acid alpha-oxidase [O. sativa]	Contig15882_ s_ at	1.39	– 2.78	AAF64042.1	6e – 79
Putative heat shock protein [O. sativa]	Contig17190_ at	– 1.86	– 2.47	AAL83988.1	2e – 36
Phenylalanine ammonia-lyase [H. vulgare]	HVSMEn0015M15r2_ s_ at	– 1.15	– 4.1	T05968	3e – 13
Putative peroxidase [O. sativa (japonica)]	EBro03_ SQ003_ J21_ at	1.18	– 2.13	BAB63623.1	2e – 19
Carbohydrate metabolism					
Putative indole – 3-glycerol phosphate synthase [A. thaliana]	Contig6407_ s_ at	6.05	– 4.26	AAM64536.1	3e – 75
Putative indole – 3-glycerol phosphate synthase [A. thaliana]	Contig6407_ at	4.08	– 3.05	AAM64536.1	3e – 75
Putative cyanase [O. sativa]	Contig13114_ at	2.74	– 1.65	AAG21913.1	7e – 08
Endo – 1 , 3-beta-glucanase [O. sativa]	Contig11289_ at	23.97	– 1.46	AAL35900.1	2e – 59
Ceta – 1 , 3-glucanase precursor [T. aestivum]	Contig13350_ at	14.33	– 1.45	AAD28734.1	7e – 65
Cinnarnyl alcohol dehydrogenase 1a [Festuca arundinacea]	Contig4346_ at	2.65	– 1.24	AAK97808.1	e – 90

（续表）

Annotation	Probe ID	Fold change * (Cd treatment/control)		Accession No	E-value
		W6nk2	Zhenong8		
Glucan endo－1，3－beta－D－glucosidase [H. vulgare]	Contig1637_s_at	32.33	－1.23	D38664	e－162
Glycosyl hydrolase family 17 [A. thaliana]	Contig18116_at	2.90	－1.15	NP_181494.1	e－30
Glucan endo－1，3－beta－D－glucosidase [H. vulgare]	Contig1637_at	31.65	－1.14	D38664	e－162
Palmitoyl－protein thioesterase precursor [A. thaliana]	Contig26597_at	2.47	－1.11	NP_191593.1	4e－66
Glucan endo－1，3－beta－D－glucosidase [H. vulgare var. distichum]	HVSMEm0003C15r2_x_at	2.14	－1.08	A31800	2e－48
Putative glucosyltransferase [O. sativa (japonica)]	Contig14830_at	2.93	－1.02	AAM01107.1	3e－87
Glucan endo－1，3－beta－glucosidase GIII [H. vulgare]	Contig1636_at	4.19	1.01	Q02126	e－164
Putative phospholipase [A. thaliana]	Contig19569_at	2.10	1.03	AAL87258.1	3e－49
Beta－1，3 glucanase－like protein [O. sativa (japonica)]	Contig13846_s_at	3.09	1.04	BAB90413.1	2e－24
Cinnamoyl－CoA reductase [Z. mays]	Contig8527_at	2.56	1.08	CAA75352.1	2e－92
Ubiquitin－specific protease 5 (UBP5) [A. thaliana]	Contig6229_s_at	2.89	1.13	NP_565944.1	2e－76
Beta－1，3 glucanase－like protein [O. sativa (japonica)]	Contig13846_at	4.41	1.18	BAB90413.1	2e－24
Glucan endo－1，3－beta－D－glucosidase [H. vulgare var. distichum]	HVSMEm0003C15r2_s_a	37.55	1.21	A31800	2e－48
Alcohol dehydrogenase ADH [Lycopersicon esculentum]	Contig13799_at	2.61	1.21	AAB33480.2	3e－45
Tyrosine phosphatase 1 [G. max]	Contig12732_at	2.10	1.21	CAA06975.1	5e－38
Putative flavanone 3－hydroxylase [O. sativa (japonica)]	Contig12724_at	2.18	1.25	AAL58118.1	e－100
Soluble inorganic pyrophosphatase [Populus tremula × Populus tremuloides]	Contig2021_at	2.58	1.28	AAD46520.1	2e－99
Cytosolic aldehyde dehydrogenase RF2C [Z. mays]	Contig6381_at	3.55	1.29	AAI99608.1	4e－97

（续表）

Annotation	Probe ID	Fold change * (Cd treatments control)		Accession No	E-value
		W6nk2	Zhenong8		
Probable cinnamyl alcohol dehydrogenase 9 [A. thaliana]	Contig20411_at	2.45	1.34	NP_195643.1	9e-38
Putative xylanase inhibitor protein [O. sativa (japonica)]	Contig5996_s_at	2.10	1.34	BAC10141.1	e-30
Putativephospholipase [O. sativa]	Contig4805_at	2.35	1.35	AAK82449.1	e-120
Sec14 like protein [O. sativa (japonica)]	Contig10529_at	2.79	1.38	BAB89672.1	4e-85
Cytosolic aldehyde dehydrogenase RF2C [Z. mays]	Contig6382_s_at	2.16	1.40	AAL99608.1	e-106
Glycosyl hydrolase family 17 [A. thaliana]	Contig15553_at	2.14	1.54	NP_201128.1	5e-31
Alpha/beta hydrolase [A. thaliana]	Contig21945_at	2.68	1.56	NP_189622.1	2e-06
Putative protein phosphatase 2C [O. sativa (japonica)]	Contig13376_at	2.26	1.63	AAM08826.1	5e-66
Putative beta-glucosidase [O. sativa (japonica)]	rbaa15f06_at	2.07	1.72	BAB90397.1	3e-47
Apoplastic invertase [O. sativa subsp. indica]	Contig4470_s_at	2.90	1.88	AAD38399.1	e-94
Putative glucan 1, 3-beta-glucosidase [O. sativa (japonica)]	Contig9266_at	7.46	1.89	AAM08620.1	3e-43
Putative PrMC3 [O. sativa subsp. japonica]	Contig20431_at	2.56	-1.16	BAB44059.1	2e-39
Putative uncharacterized protein At5g13260 [A. thaliana]	Contig15613_at	2.43	-1.19	NP_196830.2	3e-62
Delta-type tonoplast intrinsic protein [T. aestivum]	Contig1315_s_at	-1.53	-2.27	AAD10495.1	e-52
Putative HGA6 [O. sativa]	Contig4690_at	-1.84	-2.58	BAB17150.1	5e-68
Putative phosphoglycerate dehydrogenase [O. sativa (indica)]	Contig5494_at	-1.31	-3.27	CAC09348.1	3e-91
Laccase [Pinus taeda]	HV_CEb0017C08r2_at	1.17	-11.75	AAK37826.1	e-19
Formate dehydrogenase, mitochondrial precursor [H. vulgare]	HVSMEa0019P15f2_at	1.7	-2.28	Q9ZRI8	e-41
Cinnamyl alcohol dehydrogenase [Eucalyptus saligna]	HVSMEh0081I20r2_s_at	-1.07	-2.36	AAG15553.1	3e-10
Transcription					

（续表）

Annotation	Probe ID	Fold change * (Cd treatmentus control)		Accession No	E-value
		W6nk2	Zhenong8		
Alanyl-tRNA synthetase (alaS) [Sulfolobus solfataricus]	HV_CEa0008J10r2_s_at	3.51	-1.34	NP_341881.1	0.12
Putative glycerophosphoryl diester phosphodiesterase [O. sativa]	Contig9141_at	2.13	-1.24	BAB92381.1	2e-66
Histone H2B.2 [T. aestivum]	Contig1179_at	2.54	-1.23	P05621	5e-44
Myb-related protein - barley [H. vulgare subsp. vulgare]	Contig3667_s_at	12.45	-1.13	T06179	e-164
F22O13.10 [A. thaliana]	Contig22204_at	2.08	-1.12	AAF99757.1	2e-15
Quinone-oxidoreductase QR2 [Triphysaria versicolor]	Contig5217_at	2.31	-1.11	AAC53945.1	2e-67
Putative WRKY DNA binding protein [O. sativa (japonica)]	Contig7517_at	2.00	-1.02	AAD38283.1	9e-26
RGA-like [A. thaliana]	Contig14853_at	2.18	-1.01	CAA12242.1	4e-15
Barwin homolog wheatwin2 precursor [T. aestivum]	HT07J20u_x_at	6.90	1.02	T06486	2e-06
DNA-binding protein 4 [Nicotiana tabacum]	Contig20450_at	3.18	1.02	T50861	e-15
Endonuclease [H. vulgare subsp. vulgare]	Contig4113_at	3.56	1.03	T04401	e-158
DNA-binding protein 3 [N. tabacum]	Contig15957_at	4.38	1.06	AAF61863.1	3e-12
APETALA2 protein homolog HAP2 [Hyacinthus orientalis]	Contig8369_at	2.10	1.07	AAD22495.3	4e-20
Putative chloroplast nucleoid DNA-binding protein [O. sativa]	Contig13091_s_at	2.55	1.08	AAL79734.1	3e-15
Similar to chloroplast nucleoid DNA binding protein [O. sativa (japonica)]	Contig25725_at	2.21	1.08	BAC15912.1	2e-29
Putative steroid membrane binding protein [O. sativa (japonica)]	Contig10724_at	2.48	1.09	AAC13623.1	e-58
DNA-binding protein RAV2-like [O. sativa (japonica)]	Contig7481_at	2.06	1.12	BAB84620.1	9e-24
Putative GDP dissociation inhibitor [O. sativa (japonica)]	HT01N03w_at	2.41	1.23	BAC10071.1	8e-48
Protein H2B153 [T. aestivum]	Contig1127_at	-1.94	-2.09	S56687	e-54

（续表）

Annotation	Probe ID	Fold change * (Cd treatments/control)		Accession No	E-value
		W6nk2	Zhenong8		
Gene prediction of OSJNBa0042L16.13 [O. sativa]	Contig7464_at	1.12	-3.21	CAD41015.1	4e-57
rRNA promoter binding protein [Rattus norvegicus]	HV11C08u_x_at	-1.85	-2.22	NP_671477.1	7e-08
Nitrogen metabolism					
Glutamine-dependent asparagine synthetase [H. vulgare]	HV11O04r_at	7.03	-4.66	AAK49456.1	5e-53
Putative tryptophan synthase alpha [Z. mays]	Contig5542_at	2.96	-3.34	AAC42689.1	e-65
Aromatic-L-amino-acid decarboxylase [Catharanthus roseus]	Contig11623_at	2.44	-1.46	P17770	2e-69
N-methyltransferase [Coffea canephora]	Contig26053_at	3.19	-1.41	AAM18506.1	3e-07
Putative glutamate carboxylase [O. sativa (japonica)]	Contig1385_at	2.22	-1.06	AAM47304.1	e-120
Bowman-birk type trypsin inhibitor (WTI) [T. aestinum]	Contig17082_at	8.89	1.20	P81713	5e-20
Putative thiolase [O. sativa (japonica)]	Contig5922_at	2.97	1.31	AAK54299.1	2e-99
Putative copper amine oxidase [A. thaliana]	Contig6001_at	2.05	1.31	NP_181777.1	e-132
Asparaginase [H. vulgare subsp. vulgare]	Contig8740_at	-1.24	-5.89	AAC28786.1	2e-71
Putative proline-rich protein [O. sativa]	Contig704_at	-1.92	-3.04	AAK63900.1	7e-40
Fat metabolism					
Putative glycerophosphodiester phosphodiesterase [A. thaliana]	HVSMEm0001J08r2_s_at	2.45	-1.08	NP_177561.1	8e-23
Allene oxide synthase [A. thaliana]	Contig11904_at	2.22	1.04	CAA63266.1	5e-48
F23N19.16 [A. thaliana]	Contig3699_s_at	2.65	1.09	AAF19539.1	4e-11
Probable lipoxygenase [H. vulgare]	Contig1737_at	2.24	1.13	T05943	e-141
GDSL-motif lipase/hydrolase-like protein [A. thaliana]	Contig15_s_at	2.69	1.33	NP_200316.1	3e-15
Putative phospholipase [O. sativa]	Contig7525_at	-1.44	-2.43	AAK50122.1	4e-50

（续表）

Annotation	Probe ID	Fold change * (Cd treatmentus control)		Accession No	E-value
		W6nk2	Zhenong8		
Patatin-like protein [A. thaliana]	Contig20326_at	1.31	-2.3	NP_195422.1	4e-07
Signal transduction					
Secretory protein [T. aestivum]	Contig358_at	4.10	-1.94	AAD46133.1	e-100
Spot 3 protein and vacuolar sorting receptor homolog [A. thaliana]	Contig16182_at	2.27	-1.23	NP_174375.1	e-26
Putative seven transmembrane protein [O. sativa (japonica)]	Contig13968_at	4.92	-1.11	BAB92639.1	2e-56
Putative steroid membrane binding protein [O. sativa (japonica)]	HVSMEg0015I15r2_at	2.08	-1.11	AAG13629.1	3e-11
Secretory carrier membrane protein [A. thaliana]	Contig12788_at	2.71	-1.03	NP_174485.1	3e-78
Putative protein kinase [O. sativa]	Contig14572_at	3.88	-1.60	AAK02024.2	7e-86
Serine/threonine-protein kinase TAK14 [T. aestivum]	Contig4999_at	2.38	-1.40	AAK00744.1	4e-61
Putative protein kinase; protein id: At3g21630.1 [A. thaliana]	Contig9408_at	5.32	-1.36	NP_566689.1	5e-45
Wall-associated kinase 4. [O. sativa (japonica)]	Contig16619_at	7.91	-1.33	BAA95893.1	6e-62
Serine/threonine and tyrosine protein kinases SERK2 protein [Z. mays]	Contig3635_s_at	14.51	-1.32	CAC37639.1	3e-59
SERK2 protein [Z. mays]	Contig3636_at	17.28	-1.30	CAC37639.1	8e-60
Similar to A. thaliana wak4 gene [O. sativa (japonica)]	Contig12770_at	2.98	-1.26	BAA95893.1	7e-88
Elicitor-responsive gene 3 [O. sativa]	Contig5942_at	2.18	-1.15	T50649	9e-64
Mitogen-activated protein kinase 1 [A. sativa]	Contig5531_at	2.02	-1.15	S56638	e-127
Putative receptor serine/threonine protein kinase [O. sativa (japonica)]	HG01J06u_at	2.76	-1.09	BAB64138.1	e-36
Serine/threonine kinase-like protein [O. sativa (japonica)]	Contig25448_at	2.00	-1.08	BAC20673.1	3e-38
Putative wall-associated kinase 1 [O. sativa]	Contig11886_at	4.11	-1.06	AAL76192.1	2e-60

（续表）

Annotation	Probe ID	Fold change * (Cd treatments control)		Accession No	E-value
		W6nk2	Zhenong8		
Root phototropism protein 2 RPT2 [A. thaliana]	Contig24168_at	2.24	−1.03	AAF33112.1	5e−09
S-receptor kinase (EC 2.7.1.-) KIK1 precursor [Z. mays]	Contig13217_at	2.07	−1.03	T02053	2e−85
Putative protein kinase [A. thaliana]	Contig15719_at	2.13	−1.01	NP_180081.1	5e−31
Putative receptor-type protein kinase LRK1 [O. sativa (japonica)]	Contig16179_s_at	2.10	1.00	BAC06926.1	6e−44
Elicitor-responsive gene 3 [imported] [O. sativa]	Contig5943_s_at	2.15	1.03	T50649	e−63
Putative receptor-like protein kinase [O. sativa (japonica)]	Contig7061_s_at	2.09	1.03	AAN16323.1	2e−19
Receptor-like kinase ARK1AS [T. aestivum]	Contig4997_s_at	2.36	1.05	AAD43962.1	4e−90
Putative protein kinase Xa21, receptor type precursor [O. sativa (japonica)]	Contig4666_at	2.75	1.09	BAC10827.1	4e−78
Cysteine-rich repeat secretory protein 55 [A. thaliana]	Contig8557_at	2.04	1.20	NP_199665.1	e−35
Putative serine/threonine protein kinase [O. sativa (japonica)]	Contig15156_at	5.68	1.21	AAM22740.1	7e−39
Receptor serine/threonine kinase like protein [O. sativa (japonica)]	Contig21786_at	2.00	1.21	BAB84596.1	2e−65
Putative receptor-protein kinase [O. sativa (japonica)]	Contig14350_at	2.33	1.22	BAB56062.1	4e−92
Diacylglycerol kinase [L. esculentum]	Contig5427_at	3.34	1.38	AAG23129.1	3e−97
Putative wall-associated kinase 1 [O. sativa]	Contig11886_s_at	9.25	1.43	AAL76192.1	2e−60
Putative diacylglycerol kinase [O. sativa (japonica)]	Contig20753_at	2.10	1.61	BAB92552.1	e−104
Leucine-rich repeat transmembrane protein kinase [A. thaliana]	Contig22980_at	2.13	1.84	NP_177451.1	6e−17
Heat stress transcription factor Spl7 [O. sativa (japonica)]	Contig18961_at	2.12	−1.32	BAB71737.1	3e−26
Putative receptor protein kinase-like protein [O. sativa (japonica)]	Contig24190_at	1.08	−18.7	BAB63567.1	2e−33

Cell growth, division

（续表）

Annotation	Probe ID	Fold change * (Cd treatments control)		Accession No	E-value
		W6nk2	Zhenong8		
Similar to Prunus armeniaca ethylene – forming -enzyme -like dioxyge-nase. [O. sativa]	Contig10361_ at	3.29	1.46	BAA95829.1	2e－78
Embryogenesis transmembrane protein-like [O. sativa (japonica)]	Contig17563_ at	4.42	1.47	BAA84620.1	e－30
Auxin-induced protein [Mesembryanthemum crystallinum]	Contig21246_ at	2.13	1.49	T12211	8e－17
AT4g17280/dl4675c [A. thaliana]	HV_ CEb0020C01r2_ at	4.27	-1.91	AAI57706.1	9e－06
Protein synthesis					
Ribosomal protein L17 [Castanea sativa]	Contig1908_ s_at	2.10	1.34	AAK25758.1	7e－76
40S ribosomal protein S15a－1 [A. thaliana]	Contig2522_ at	2.00	1.36	NP_172256.1	6e－69
Probable 60S ribosomal protein L9 [O. sativa subsp. japonica]	Contig2103_ at	2.31	1.51	P49210	5e－85
Anthranilate synthase alpha 2 subunit [O. sativa (japonica)]	HY07P02u_ at	1.93	-3.93	BAA82095.1	e－67
Unknown classified					
Hypothetical protein [O. sativa]	HVSMEb0010O13f2_ at	8.29	-5.10	CAD39838.1	7e－30
P0470A12.5 [O. sativa (japonica)]	Contig5075_ at	2.65	-1.65	BAB90280.1	7e－13
Hypothetical protein [O. sativa (japonica)]	Contig11664_ at	4.23	-1.42	BAB17148.1	6e－36
Unknown protein [O. sativa]	Contig12084_ at	2.15	-1.42	AAF34415.1	9e－06
Unnamed protein product [O. sativa (japonica)]	HV_ CEb0017D17f_ at	2.50	-1.35	BAA94238.1	e－39
Hypothetical protein [O. sativa (japonica)]	Contig13562_ at	2.49	-1.34	BAB90026.1	e－49
Hypothetical protein [A. thaliana]	Contig7751_ at	2.30	-1.32	NP_683570.1	e－57
Hypothetical protein [H. vulgare]	Contig634_ at	7.66	-1.28	T06204	e－120
Expressed protein [A. thaliana]	Contig8464_ at	2.13	-1.25	NP_565843.1	2e－83

（续表）

Annotation	Probe ID	Fold change * (Cd treatment*us* control)		Accession No	E-value
		W6nk2	Zhenong8		
Hypothetical protein [H. vulgare]	Contig590_s_at	9.69	-1.24	T06205	4e-80
Hypothetical protein [O. sativa (japonica)]	Contig590_at	7.58	-1.17	T06205	4e-80
Unknown protein [A. thaliana]	baak20j05_s_at	2.13	1.05	NP_177760.1	2e-22
Unknown protein [A. thaliana]	Contig15548_at	2.36	1.08	NP_181336.1	6e-59
Hypothetical protein [O. sativa (japonica)]	Contig16143_at	2.24	1.12	AAM19029.1	9e-85
Putative subtilase [O. sativa (japonica)]	Contig8307_s_at	4.01	1.16	BAB89882.1	6e-57
Hypothetical protein [O. sativa]	Contig11332_at	2.31	1.36	BAA88541.1	5e-85
Hypothetical protein [O. sativa (japonica)]	HO14C15S_at	4.40	1.37	BAC03293.1	3e-17
Putative protein [A. thaliana]	HVSMEa0004N20r2_at	2.16	1.47	NP_197387.1	6e-14
Putative uncharacterized protein [O. sativa (japonica)]	Contig16375_at	2.17	1.64	BAC16424.1	5e-22
Unknown protein [Anopheles gambiae str. PEST]	Contig8492_at	2.66	1.67	EAA12569.1	9e-07
Putative uncharacterized protein [O. sativa (japonica)]	Contig25762_at	2.84	1.69	BAC16424.1	4e-22
Unknownprotein [O. sativa (japonica)]	Contig5075_s_at	3.59	1.70	BAB90280.1	7e-13
Unknown protein [A. thaliana]	Contig10480_at	2.80	1.75	NP_177728.1	3e-46
Uncharacterized protein At5g20100.1 [A. thaliana]	Contig16397_at	2.30	1.80	NP_197510.1	4e-11
Hypothetical protein [O. sativa (japonica)]	Contig11927_at	3.15	1.81	BAB92864.1	9e-11
Hypothetical protein [O. sativa (japonica)]	Contig9057_at	3.67	1.86	BAB86120.1	7e-66
Putative uncharacterized protein At5g48370 [A. thaliana]	Contig9679_at	2.33	-1.2	NP_199648.1	9e-75
Unknown protein [O. sativa (japonica)]	Contig6169_at	2.19	1.00	BAB78620.1	2e-35
Unknown protein [O. sativa (japonica)]	Contig11615_s_at	2.56	1.15	BAB63815.1	2e-24

（续表）

Annotation	Probe ID	Fold change * (Cd treatments control)		Accession No	E-value
		W6nk2	Zhenong8		
Putative uncharacterized protein [A. thaliana]	Contig10152_at	2.32	−1.11	NP_193034.1	3e−59
Unknown protein [O. sativa (japonica)]	Contig8851_at	2.24	−1.01	BAB16483.1	e−52
Hypothetical protein [O. sativa (japonica)]	HV_CEb0001D02r2_at	3.66	1.18	BAB86123.1	5e−20
Unknown protein [O. sativa (japonica)]	Contig11615_at	2.00	1.43	BAB63815.1	2e−24
Putative MAWD binding protein [O. sativa subsp. japonica]	Contig9255_at	2.07	−1.07	BAA88529.1	4e−74
Putative protein [O. sativa (japonica)]	Contig8722_at	4.54	1.25	BAA90634.1	8e−83
Unknown protein [O. sativa (japonica)]	Contig4691_at	2.26	−1.02	BAB64678.1	6e−18
Putative protein OSJNBb0115I21.2 [O. sativa (japonica)]	HI02L18u_at	2.33	−1.01	CAD39695.1	4e−48
Hypothetical protein B1146B04.15 [O. sativa (japonica)]	Contig2710_s_at	2.03	1.21	BAB64584.1	8e−13
Unknown protein [A. thaliana]	Contig10439_at	2.07	1.22	NP_199598.1	2e−39
Putative protein [A. thaliana]	Contig7415_at	1.26	−2.2	NP_193723.1	e−103
Hypothetical protein P0003E08.5 [O. sativa (japonica)]	HVSMEi0002B05r2_at	−1.21	−2.04	BAB63539.1	3e−07
Putative uncharacterized protein At4g13400 [A. thaliana]	Contig7503_at	−1.91	−2.33	AAM97033.1	5e−57
Hypothetical protein [O. sativa (japonica)]	Contig7736_at	−1.83	−2.3	BAB62552.1	2e−51
B1131B07.13 [O. sativa (japonica)]	Contig10168_at	1.23	−2.38	BAB93351.1	e−23
Expressed protein	Contig15344_at	−1.62	−3.46	NP_564716.1	4e−63
Expressed protein [A. thaliana]	Contig15773_at	1.25	−2.3	NP_565890.1	3e−06
Putative uncharacterized protein At4g21930 [A. thaliana]	Contig16113_at	−1.85	−2.07	AAM53278.1	4e−11
Unknown protein [O. sativa (japonica)]	Contig10905_at	−1.36	−2.37	AAK71559.1	4e−25
Hypothetical protein [Oenothera elata subsp. hookeri]	HVSMEc0001M13f_x_at	−1.79	−2.79	NP_084748.1	3e−20

（续表）

Annotation	Probe ID	Fold change * (Cd treatments control)		Accession No	E-value
		W6nk2	Zhenong8		
OSJNBa0052O21.28 [O. sativa (japonica)]	Contig13248_ at	1.92	-2.03	CAD40043.1	e-82
None					
none	HD04G07u_ s_ at	2.96	-3.51	none	none
none	EBem05_ SQ002_ D05_ s_ at	2.97	-2.69	none	none
none	Contig11773_ at	8.97	-1.96	none	none
none	Contig17960_ at	2.05	-1.91	none	none
none	HB20H10r_ at	2.16	-1.88	none	none
none	EBpi07_ SQ002_ J15_ at	3.67	-1.54	none	none
none	Contig13632_ at	3.97	-1.50	none	none
none	Contig2499_ s_ at	3.77	-1.38	none	none
none	Contig8178_ at	2.21	-1.38	none	none
none	EBpi01_ SQ001_ B04_ s_ at	2.04	-1.36	none	none
none	HVSMEm0001119r2_ at	4.09	-1.35	none	none
none	rbaal31o11_ x_ at	3.47	-1.34	none	none
none	Contig13218_ at	3.19	-1.26	none	none
none	HV_ CEa0014D10r2_ s_ at	2.96	-1.20	none	none
none	Contig16529_ at	3.95	-1.09	none	none
none	Contig26496_ at	16.49	-1.07	none	none
none	HW01K06u_ s_ at	2.23	-1.06	none	none
none	HP01B09w_ at	6.25	-1.05	none	none

（续表）

Annotation	Probe ID	Fold change * (Cd treatment/vs control)		Accession No	E-value
		W6nk2	Zhenong8		
none	Contig17926_at	2.06	-1.04	none	none
none	HVSMEm0003C21r2_at	2.00	-1.03	none	none
none	rbaal30e02_s_at	2.06	-1.01	none	none
none	Contig12794_at	2.51	1.01	none	none
none	Contig2704_s_at	2.98	1.02	none	none
none	Contig12124_at	2.97	1.03	none	none
none	HV14K06u_x_at	3.13	1.04	none	none
none	baak33c23_at	19.55	1.05	none	none
none	EBro08_SQ008_K12_at	3.39	1.05	none	none
none	HVSMEl0005L10f_s_at	2.07	1.05	none	none
none	rbaal20n01_s_at	2.03	1.05	none	none
none	HVSMEf0020A12r2_s_at	2.08	1.08	none	none
none	Contig1185_at	3.44	1.09	none	none
none	Contig14685_at	2.98	1.11	none	none
none	HVCEa0009C05r2_s_at	2.53	1.11	none	none
none	Contig9663_at	3.51	1.12	none	none
none	Contig18427_s_at	3.70	1.14	none	none
none	HVSMEl0025L16f_at	3.27	1.14	none	none
none	EBpi01_SQ004_I24_s_at	2.35	1.14	none	none
none	HZ42B19r_at	2.02	1.14	none	none

Annotation	Probe ID	Fold change * (Cd treatment vs control)		Accession No	E-value
		W6nk2	Zhenong8		
none	Contig9663_ s_ at	2.33	1.15	none	none
none	EBro02_ SQ004_ C14_ at	2.59	1.16	none	none
none	Contig8558_ s_ at	2.23	1.16	none	none
none	Contig12336_ at	2.47	1.17	none	none
none	Contig1159_ s_ at	2.35	1.20	none	none
none	Contig12700_ at	2.05	1.20	none	none
none	Contig7315_ at	2.33	1.21	none	none
none	Contig6310_ at	4.15	1.24	none	none
none	HO14I22S_ s_ at	2.60	1.25	none	none
none	HVSMEb0005E07r2_ at	2.10	1.26	none	none
none	EBem10_ SQ003_ N11_ at	3.24	1.27	none	none
none	S0001000055P18F1_ s_ at	5.01	1.29	none	none
none	Contig19265_ at	4.26	1.33	none	none
none	HY08G17u_ s_ at	2.40	1.33	none	none
none	baak4a13_ at	5.36	1.34	none	none
none	EBpi01_ SQ002_ L02_ x_ at	2.03	1.35	none	none
none	Contig4413_ s_ at	2.02	1.44	none	none
none	Contig5303_ at	3.75	1.45	none	none
none	Contig17275_ at	3.79	1.49	none	none
none	Contig14134_ at	2.14	1.53	none	none

（续表）

Annotation	Probe ID	Fold change * (Cd treatments/control)		Accession No	E-value
		W6nk2	Zhenong8		
none	HY09L01u_ s_ at	2.12	1.53	none	none
none	Contig13615_ at	2.54	1.55	none	none
none	EBem10_ SQ002_ L14_ s_ at	2.73	1.59	none	none
none	HK06M02r_ at	2.36	1.59	none	none
none	EBpi01_ SQ002_ L02_ at	2.14	1.59	none	none
none	HV_ CEb0009D09r2_ at	14.69	1.74	none	none
none	Contig4031_ x_ at	2.14	1.91	none	none
none	Contig9222_ at	1.06	-3.06	none	none
none	Contig11968_ at	1.01	-2.57	none	none
none	Contig14528_ at	1.28	-3.37	none	none
none	Contig14915_ at	1.94	-2.05	none	none
none	Contig12195_ at	1.86	-2.23	none	none
none	Contig19960_ s_ at	-1.51	-3.71	none	none
none	HVSMEc0001A15f_ at	-1.52	-2.33	none	none
none	baak4c06_ at	-1.57	-3.08	none	none
none	HVSMEi0020G22r2_ at	-1.84	-2.1	none	none
none	HX02B15u_ s_ at	-1.18	-2.85	none	none
none	rbaal38f16_ at	-1.43	-2.05	none	none

S1.3 List of genes down- and up-regulated, no change and up- regulated, down-regulated and no change in W6nk2 and Zhenong8 respectively after 15 days exposure to 5 μmol/L Cd.

Annotation	Probe ID	Fold change * (Cd treatment vs control)		Accession No	E-value
		W6nk2	Zhenong8		
Stress and defense response					
Similar to Babesia aldo-keto reductase [A. thaliana]	HVSMEm0020M20r2_s_at	-1.52	2.49	AAB70433.1	4e-05
Quinone oxidoreductase-like protein [A. thaliana]	Contig5658_at	-1.47	2.19	Q9ZUC1	9e-90
FKBP-type peptidyl-prolyl cis-trans isomerase 6 [A. thaliana]	Contig10930_s_at	-1.42	2.04	NP_567098.1	2e-34
Putative heat shock protein [A. thaliana]	Contig4554_at	-1.39	2.14	AAM65596.1	3e-46
Putative sugar-starvation induced protein [O. sativa (japonica)]	Contig4954_s_at	1.30	2.15	AAL83638.1	7e-05
Cadmium-induced protein-like [O. sativa (japonica)]	Contig6664_at	1.69	2.12	BAC19956.1	6e-58
Putative L-ascorbate peroxidase, chloroplast precursor [Solanum lycopersicum]	Contig8515_s_at	-1.44	2.06	Q9THX6	3e-64
Similar to Babesia aldo-keto reductase [A. thaliana]	Contig9187_at	-1.39	2.51	AAB70433.1	5e-94
Bundle sheath defective protein 2 [Z. mays]	Contig9809_at	-1.42	2.29	AAD28599.1	3e-39
Putative stress inducible protein [O. sativa (japonica)]	Contig11554_at	1.52	2.35	AAM93720.1	9e-84
Dehydrin 7 [H. vulgare]	Contig1709_at	1.07	2.50	AAD02258.1	5e-28
Putative cytochrome P450 [Lolium rigidum]	HVSMEm0003G16r2_at	-1.22	2.68	AAK38084.1	3e-57
Putative cytochrome P450 [O. sativa (japonica)]	Contig12508_s_at	1.08	2.00	AAN05337.1	2e-46
Putative cytochrome P450 [O. sativa]	Contig14554_at	1.70	2.63	AAL73064.1	e-44
Putative cinnamoyl-CoA reductase [A. thaliana]	Contig8979_at	-1.16	2.05	NP_180917.1	3e-67
Putative lycopene epsilon-cyclase [O. sativa (japonica)]	Contig14290_at	-1.08	2.22	BAC05562.1	e-118
Avr9/Cf-9 rapidly elicited protein 65 [N. tabacum]	Contig19890_at	1.88	5.93	AAC43557.1	e-04

（续表）

Annotation	Probe ID	Fold change * (Cd treatments control)		Accession No	E-value
		W6nk2	Zhenong8		
20 kDa chaperonin [A. thaliana]	Contig3840_at	1.03	3.12	NP_197572.1	5e-87
Chloroplast 20 kDa chaperonin [A. thaliana]	Contig10790_at	1.01	3.06	NP_197572.1	e-78
PRLI-interacting factor L [A. thaliana]	Contig14905_s_at	-1.03	2.05	NP_173025.1	3e-37
S47087 pir7b protein [O. sativa]	Contig10057_at	1.57	3.12	Q43360	3e-83
Ferritin 1, chloroplast precursor [Z. mays]	Contig2714_at	-2.41	-1.68	P29036	3e-71
Ferritin [O. sativa (japonica)]	HV12A05u_s_at	-2.76	-1.56	AAM74943.1	4e-34
Ferritin [O. sativa (japonica)]	Contig2716_s_at	-2.32	-1.44	AAM74942.1	3e-79
DNA protein-like; protein id: At5g03030.1 [A. thaliana]	Contig11141_at	-2.09	-1.00	NP_195923.1	e-37
ABA-inducible protein WRAB1 [T. aestivum]	Contig2406_at	-2.09	1.11	AAD33850.1	e-56
Transport					
AT5g14910/F2G14_30 [A. thaliana]	Contig10306_at	-2.26	4.28	NP_568306.1	3e-23
AT5g14910/F2G14_30 [A. thaliana]	Contig10306_s_at	-2.39	4.09	NP_568306.1	3e-23
Vacuolar ATP synthase 16 kDa proteolipid subunit H$^+$-ATPase [O. sativa (japonica)]	HA10P21u_at	-3.19	2.08	Q40635	2e-29
Tic62 protein [Pisum sativum]	rbasd23b03_s_at	-1.17	2.13	CAC87810.2	0.004
Glutathione transferase [H. vulgare subsp.]	Contig20831_at	-1.51	3.08	AAL73394.1	5e-60
Herbicide safener binding protein SBP1 [Z. mays]	Contig3552_at	-1.32	3.26	T01354	3e-51
Herbicide safener binding protein 1 [Z. mays]	Contig4910_at	1.24	4.6	T01354	4e-62
Herbicide safener binding protein 1 [Z. mays]	Contig3552_s_at	-1.10	4.34	T01354	3e-51
Uracil phosphoribosyltransferase-like protein [A. thaliana]	Contig19273_at	-1.54	2.78	NP_190958.1	9e-26

（续表）

Annotation	Probe ID	Fold change * (Cd treatmentvs control)		Accession No	E-value
		W6nk2	Zhenong8		
Putative ribulose − 1, 5-bisphosphate carboxylase oxygenase small subunit N-methyltransferase I [A. thaliana]	HVSMEa0009E14r2_ at	−1.03	2.17	NP_ 187424. 1	3e − 17
Nucleoside diphosphate kinase II [Spinacia oleracea]	Contig7963_ at	−1.35	2.59	Q01402	2e − 64
ATP sulfurylase, putative [A. thaliana]	Contig14398_ s_ at	1.01	2.37	AAM63185. 1	3e − 12
Putative endoxyloglucan transferase [O. sativa]	Contig7337_ at	1.55	2.00	AAI58186. 1	8e − 86
Naringenin-chalcone synthase 1 [H. vulgare]	Contig7356_ at	−1.10	2.35	P26018	e − 88
Naringenin-chalcone synthase 1 [Secale cereale]	Contig7358_ at	−1.09	2.23	P53414	6e − 92
Glu-tRNAamidotransferase subunit A [A. thaliana]	Contig7597_ at	−1.14	2.81	AAG29095. 1	9e − 95
P0529E05. 24 [O. sativa (japonica)]	Contig9863_ at	1.99	2.55	BAB84408. 1	5e − 79
Mitocicondrial import receptor subunit TOM7 − 1 [S. tuberosum]	Contig11562_ at	−1.04	2.16	T07681	7e − 13
Putative lipid transfer protein [O. sativa (japonica)]	Contig11884_ at	1.42	7.33	AAN05564. 1	5e − 14
Glu-tRNA (Gln) amidotransferase subunit C [A. thaliana]	Contig6053_ at	−1.40	3.48	AAG29097. 1	3e − 24
3-oxoacyl- [acyl-carrier-protein] synthase I [H. vulgare]	Contig18583_ at	−1.71	2.00	P23902	2e − 94
Aquaporin 2 [Samanea saman]	Contig19393_ at	−1.64	2.53	AAC17529. 1	7e − 57
THA4 [Z. mays]	Contig18499_ at	1.18	2.51	AAD31522. 1	5e − 18
Glu-tRNA (Gln) amidotransferase subunit C [A. thaliana]	HK0e08r_ s_ at	−1.60	3.59	AAG29097. 1	2e − 04
LL-diaminopimelate aminotransferase [A. thaliana]	Contig9314_ at	1.45	2.33	NP_ 567934. 1	4e − 65
Calcium-dependent protein kinase 29 [A. thaliana]	Contig10834_ at	−1.09	3.70	AAF26765. 1	3e − 78
Probable FKBP-type peptidyl-prolyl cis-trans isomerase 4 [A. thaliana]	Contig21540_ at	−1.77	2.79	AAK97696. 1	7e − 05
Putative integral membrane protein [A. thaliana]	Contig17740_ at	1.02	2.66	NP_ 178451. 1	e − 55

(续表)

Annotation	Probe ID	Fold change * (Cd treatments/control)		Accession No	E-value
		W6nk2	Zhenong8		
Glyoxylate aminotransferase 2 homolog [A. thaliana]	Contig5255_at	-2.14	-1.38	AAD48837.1	e-96
Amino acid selective channel protein [H. vulgare subsp.]	Contig3789_s_at	-2.15	1.58	CAA09867.1	3e-68
Phytoene synthase, chloroplast precursor [Z. mays]	Contig13305_at	-2.18	1.61	P49085	7e-42
Os06g0141200 protein [O. sativa]	Contig12472_at	-2.86	-1.51	BAA83556.1	8e-61
Transcription					
Cp10-like protein [Gossypium hirsutum]	Contig401_at	1.35	2.23	AAM77651.1	2e-78
Phenylalanine-tRNA synthetase-like protein [A. thaliana]	Contig8405_at	1.08	2.03	NP_567061.1	e-100
SKP1 interacting partner 1 (SKIP1) [A. thaliana]	Contig19249_at	1.74	2.00	NP_568870.1	4e-45
FKBP-type peptidyl-prolyl cis isomerase [A. thaliana]	Contig19209_at	-1.37	2.01	NP_173504.1	7e-39
Chloroplast RNA-binding protein AT1G60000 [A. thaliana]	Contig12973_at	1.03	2.72	NP_176208.1	3e-69
Probable RNA-binding protein cp33 precursor [H. vulgare subsp.]	Contig7834_at	1.56	4.52	T05730	e-153
Putative ribonucleoprotein [O. sativa]	Contig5988_at	1.23	7.24	AAL82527.1	6e-76
Cp31AHv protein [H. vulgare]	rbasd3a10_s_at	-1.21	2.43	T05725	3e-46
DNA-binding protein ABF2 [Avena fatua]	Contig4386_at	-1.45	2.76	S61414	2e-92
Putative ribonucleoprotein [O. sativa (japonica)]	Contig4432_at	1.82	2.93	BAC10140.1	3e-92
Peptidyl-prolyl cis-trans isomerase CYP20-2 [A. thaliana]	Contig4537_at	-1.05	2.24	NP_196816.1	4e-71
Peptidyl-prolyl cis-trans isomerase CYP20-2 [A. thaliana]	Contig4537_s_at	-1.05	2.28	NP_196816.1	4e-71
Putative nucleosome assembly protein [A. thaliana]	Contig4668_at	1.11	2.17	NP_179538.1	e-74
Trigger factor-like protein [A. thaliana]	Contig7069_at	-1.63	3.65	NP_200333.2	2e-79
Putative GTP-binding protein [O. sativa (japonica)]	Contig7575_at	-1.53	3.28	AAK09228.1	e-106

（续表）

Annotation	Probe ID	Fold change * (Cd treatmentus control)		Accession No	E-value
		W6nk2	Zhenong8		
Putative mRNA binding protein precursor [O. sativa]	Contig8775_at	-1.30	2.21	BAC16410.1	3e-81
DNA-binding protein p24 [S. tuberosum]	Contig10233_at	-1.30	2.03	AAF91282.1	5e-19
Peptidyl-prolyl cis-trans isomerase [A. thaliana]	Contig11815_at	-1.09	2.00	CAB06699.1	2e-79
Putative MAR-binding protein MFP1 [O. sativa (japonica)]	Contig13824_at	-1.30	2.81	BAB33019.1	3e-34
Transducin-like enhancer protein 4 [Mus musculus]	Contig13990_at	-1.27	3.12	Q62441	0.029
Peptidylprolyl isomerase [A. thaliana]	Contig14849_at	-1.53	2.18	NP_567750.1	2e-38
Putative sun (Fmu) protein [A. thaliana]	EBma01_SQ005_J20_at	-1.14	2.04	NP_187924.2	0.036
OSJNBa0072F16.15 [O. sativa (japonica)]	HV05C10u_s_at	-1.82	2.13	CAD40991.1	e-40
Glutamyl-tRNA synthetase [H. vulgare]	Contig11355_at	-1.34	2.16	Q43768	e-124
Glutamyl-tRNA synthetase [H. vulgare]	Contig11355_s_at	-1.16	2.15	Q43768	e-124
Putative uncharacterized protein [O. sativa (japonica)]	Contig3291_at	1.44	2.60	BAB89768.1	e-109
Os01g0510600 protein [O. sativa (japonica)]	Contig7279_at	-1.87	5.21	BAB92188.1	2e-86
P0520B06.12 [O. sativa (japonica)]	HVSME.g0001H24r2_s_at	-1.91	6.41	BAB92188.1	6e-13
33 kDa secretory protein [O. sativa]	Contig20580_at	1.75	3.39	AAC36744.1	4e-40
MFl8.1/MFL8.1 [A. thaliana]	Contig18921_at	1.07	2.56	AAM10318.1	e-14
Sigma factor SIG2B; ZmSIG2B [Z. mays]	Contig11428_at	1.03	2.01	AAD17855.1	6e-75
Histone H1-like protein HON101 [Z. mays]	Contig2258_at	-3.21	-1.93	AAM93216.1	e-24
histone H2A.2 [T. aestivum]	Contig671_at	-2.23	-1.86	S53518	4e-52
Putative myb-related protein [O. sativa (japonica)]	Contig18051_at	-2.35	-1.77	AAL87171.1	8e-17
DNA-directed RNA polymerase subunit alpha [H. vulgare]	Contig22529_at	-2.29	-1.72	P92392	4e-92

（续表）

Annotation	Probe ID	Fold change * (Cd treatment vs control)		Accession No	E-value
		W6nk2	Zhenong8		
Histone H2B.2 [T. aestivum]	Contig1161_at	-2.24	-1.66	P05621	8e-64
Histone H3 [T. aestivum]	Contig657_s_at	-2.45	-1.63	P02300	5e-69
Histone H2B-8 [T. aestivum]	Contig1169_at	-2.72	-1.61	S56685	9e-50
Histone H2A [Cicer arietinum]	Contig119_at	-2.61	-1.39	O65759	5e-41
Putative snRNP splicing factor [A. thaliana]	Contig5815_at	-4.49	-1.25	NP_178480.1	8e-41
Histone H2B153 [T. aestivum]	Contig1164_at	-2.54	-1.20	S56687	3e-53
Oj000126_13.17 [O. sativa (japonica)]	Contig17756_at	-2.04	-1.04	CAD40595.1	5e-52
AT5g51720/MIO24_14 [A. thaliana]	Contig14376_at	-2.76	1.03	NP_568764.1	5e-26
Signal transduction					
Putative 32.7 kDa jasmonate-induced protein [H. vulgare]	HVSMEm0015P16r2_at	1.35	2.75	T04375	5e-10
Phosphoenolpyruvate carboxykinase (ATP) [A. Thaliana]	Contig6435_at	-2.04	-1.39	NP_195500.1	e-117
Putative protein kinase [S. bicolor]	Contig10013_at	-2.16	-1.35	AAM47583.1	e-114
Invertase inhibitor homolog [A. Thaliana]	bags7h06_at	-2.11	-1.30	NP_201267.1	9e-06
Similar to senescence-associated family protein [N. tabacum]	Contig15259_at	-3.90	1.04	BAA89985.2	3e-37
Carbohydrate metabolism					
Alcohol dehydrogenase [T. aestivum]	Contig393_at	1.75	3.61	A61024	e-132
Glyceraldehyde-3-phosphate dehydrogenase B [O. sativa (japonica)]	Contig446_at	-1.08	2.15	BAA85402.1	e-113
Glucan endo-1,3-beta-glucosidase [H. vulgare subsp.]	Contig1632_at	1.01	2.07	AAA32960.1	e-169
Adenosine diphosphate glucose pyrophosphatase [H. vulgare subsp.]	Contig2769_s_at	-1.74	14.55	CAC32847.1	4e-72

（续表）

Annotation	Probe ID	Fold change * (Cd treatments control)		Accession No	E-value
		W6nk2	Zhenong8		
Alpha-galactosidase [Oryza sativa (japonica)]	Contig4187_at	1.03	2.67	BAB12570.1	e－126
ATP-dependent Clp protease proteolytic subunit [A. thaliana]	Contig4497_at	1.24	2.10	NP_563907.1	2e－75
Putative 3-isopropylmalate dehydrogenase [H. vulgare]	Contig5555_at	－1.02	2.03	NP_178171.1	e－105
Putative 3-beta hydroxysteroid dehydrogenase/ isomerase protein [O. sativa]	Contig6963_at	－1.74	2.47	AAK73149.1	e－101
Putative amylase [Oryza sativa (japonica)]	Contig8246_at	1.24	2.37	AAK27799.1	e－93
A12g42220/T24P15.13 [Arabidopsis thaliana]	Contig9878_at	－1.19	2.03	AAK73974.1	e－62
Putative nodulin [Oryza sativa (japonica)]	Contig10919_s_at	－1.05	2.02	BAB17350.1	5e－29
Putative nascent polypeptide associated complex alpha chain [O. sativa]	Contig11109_at	－1.09	4.71	AAM52321.1	2e－46
Putative GTP-binding protein [Streptococcus pyogenes serotype M3]	Contig14490_at	1.48	3.85	NP_664814.1	7e－40
Glyceraldehyde－3-phosphate dehydrogenase [A. thaliana]	baak1k18_s_at	－1.12	2.04	NP_174996.1	2e－05
Putative esterase D [Oryza sativa (japonica)]	HV12A17u_s_at	1.85	2.21	BAB90254.1	e－36
ATP-dependent Clp protease proteolytic subunit [A. thaliana]	Contig5768_at	1.30	2.02	NP_563836.1	2e－57
ATP-dependent Clp protease proteolytic subunit [A. thaliana]	Contig6692_s_at	－1.17	2.35	NP_564560.1	8e－34
Putative uncharacterized protein T8P19,210 [A. thaliana]	Contig5704_at	－1.32	2.74	NP_190439.1	7e－44
MRNA, complete cds, clone: RAFL22－43-L07 [A. thaliana]	Contig23996_at	－1.66	2.04	NP_568077.1	6e－49
Xyloglucan endo－1, 4-beta-D-glucanase [Z. mays]	Contig2672_at	－2.07	－1.42	T02090	2e－64
Xyloglucan endo－1, 4-beta-D-glucanase [H. vulgare]	Contig2671_at	－2.73	－1.79	T06202	e－160
Cyclic phosphodiesterase [A. Thaliana]	Contig14273_at	－2.06	－1.34	1JH7	9e－35

Fat metabolism

171

（续表）

Annotation	Probe ID	Fold change * (Cd treatments/control)		Accession No	E-value
		W6nk2	Zhenong8		
Seed storage protein, 35K isoform AmA1 [Amaranthus hypochondriacus]	Contig3533_ at	-1.09	3.43	S24263	2e-14
Fattyacyl coA reductase [T. aestivum]	Contig10274_ at	1.18	2.63	CAD30694.1	e-59
GDSL esterase/lipase CPRD49 [A. thaliana]	Contig13508_ at	1.03	2.35	AAM63310.1	4e-71
Lipase-like protein [O. sativa (japonica)]	Contig20235_ s_ at	-2.54	1.37	BAB89205.1	2e-19
Nitrogen metabolism					
Putative aspartate transaminase [O. sativa (japonica)]	Contig4244_ at	-1.04	3.35	BAB63467.1	6e-93
F23N19.15 [A. thaliana]	Contig6504_ s_ at	-1.27	2.33	AAF19544.1	e-37
Photosynthesis					
Chlorophyll a/b-binding protein WCAB precursor [T. aestivum]	Contig422_ at	-3.79	6.77	AAB18209.1	e-132
Ribulose-1, 5-bisphosphate carboxylase/oxygenase small subunit [T. aestivum]	Contig842_ x_ at	-2.44	3.72	BAB19811.1	9e-97
Ribulose-bisphosphate carboxylase [T. aestivum]	Contig997_ x_ at	-2.49	3.36	RKWTS	4e-88
Chlorophyll A-B binding protein 3A [S. lycopersicum]	Contig960_ s_ at	-2.66	3.23	P14276	6e-19
Chlorophyll a/b-binding protein WCAB precursor [T. aestivum]	Contig949_ at	-2.94	3.12	AAB18209.1	e-125
Chlorophyll a/b-binding protein WCAB precursor [T. aestivum]	Contig347_ s_ at	-4.0	2.58	AAB18209.1	6e-94
Chlorophyll a/b-binding protein WCAB precursor [T. aestivum]	Contig418_ at	-5.48	2.58	AAB18209.1	e-128
Chlorophyll a/b-binding protein WCAB precursor [T. aestivum]	Contig841_ x_ at	-2.32	2.33	AAB18209.1	e-120
Ribulose-1, 5-bisphosphate carboxylase/oxygenase small subunit [H. vulgare subsp. vulgare]	Contig1004_ x_ at	-3.36	2.17	BAA35162.1	7e-80
Ribulose-1, 5-bisphosphate carboxylase/oxygenase small subunit [T. aestivum]	Contig497_ s_ at	-1.15	2.06	BAB19812.1	6e-60

（续表）

Annotation	Probe ID	Fold change * (Cd treatments/control)		Accession No	E-value
		W6nk2	Zhenong8		
Ribulose bisphosphate carboxylase small chain [T. aestivum]	Contig594_x_at	-1.49	2.02	P26667	5e-97
RuBisCO large subunit-binding protein subunit beta [S. cereale]	Contig807_at	1.60	3.86	Q43831	4e-98
RuBisCO large subunit-binding protein subunit beta [S. cereale]	Contig807_s_at	1.63	3.22	Q43831	4e-98
Ferredoxin-thioredoxin reductase [Z. mays]	Contig2399_at	-1.14	2.00	P41347	7e-15
RuBisCO large subunit-binding protein subunit alpha [T. aestivum]	rbags36a18_s_at	1.40	20.53	P08823	5e-08
NADPH-protochlorophyllide oxidoreductase B [H. vulgare]	Contig2766_s_at	-1.02	2.05	Q42850	2e-54
Mg-chelatase subunit XANTHA-F [H. vulgare subsp.]	Contig2985_s_at	-1.21	2.74	AAK72401.1	e-139
Protoporphyrin IX magnesium chelatase subunit [H. vulgare]	Contig5341_at	-1.24	2.48	S64722	e-167
Coproporphyrinogen III oxidase [H. vulgare]	Contig5401_s_at	-1.00	3.30	Q42840	e-110
Porphobilinogen deaminase [T. aestivum]	Contig5956_at	1.39	3.19	AAL12220.1	e-122
S71747 DAG protein [Antirrhinum majus]	Contig7509_at	-1.08	2.31	Q38732	5e-68
Putative chloroplast inner envelope protein [O. sativa]	Contig7645_at	1.25	2.12	AAG13554.1	e-109
Putative protoporphyrinogen IX oxidase [O. sativa (japonica)]	Contig7919_at	-1.01	3.48	BAB39998.1	e-115
Putative phytochrome-associated protein [O. sativa (japonica)]	Contig8115_s_at	1.46	2.00	BAB91924.1	e-71
Putative uroporphyrinogen decarboxylase [O. sativa (japonica)]	Contig8595_at	-1.51	2.42	BAB21078.1	e-113
Thylakoid lumen 15.0-kDa protein [A. thaliana]	Contig9582_at	-1.38	2.44	NP_568781.1	5e-72
Mg-protoporphyrin IX [H. vulgare]	Contig10699_at	-1.41	2.33	CAB58179.1	e-151
Putative ribulose -1, 5 bisphosphate carboxylase oxygenase large subunit N-methyltransferase [A. thaliana]	Contig11083_at	-1.15	2.35	NP_172856.1	3e-81
PsbP-related thylakoid lumenal protein 1 [A. thaliana]	Contig14611_at	-1.70	2.33	NP_567468.1	3e-56

（续表）

Annotation	Probe ID	Fold change * (Cd treatment vs control)		Accession No	E-value
		W6nk2	Zhenong8		
NADPH-protochlorophyllide oxidoreductase B [H. vulgare]	Contig2762_ at	-1.11	2.25	Q42850	e-129
Ribulose-bisphosphate carboxylase small chain precursor [T. aestivum]	HVSMEm0020L23r2_ x_ at	-1.76	2.35	RKWTS	e-36
Thylakoid lumen pentapeptide repeat family protein [A. thaliana]	HVSMEa0012N07r2_ at	-1.32	2.17	NP_566030.1	e-51
Putative phytochrome-associated protein [O. sativa (japonica)]	HV_CEb0024B09r2_ s_ at	1.83	3.17	BAB91924.1	e-19
Ribulose-1,5-bisphosphate carboxylase/ oxygenase small subunit [T. aestivum]	HVSMEa0011D13r2_ at	-1.59	2.28	BAB19814.1	9e-17
PsbQ domain protein family, F7A19.23 protein [A. thaliana]	Contig15111_ at	-1.51	2.01	NP_563937.1	2e-43
PsbP-related thylakoid lumenal protein 4 [A. thaliana]	Contig11175_ s_ at	1.05	2.13	NP_196706.2	5e-60
Lil3 protein [A. thaliana]	Contig2314_ at	-1.06	2.60	AAM63936.1	2e-49
Trehalose-6-phosphate phosphatase [A. Thaliana]	Contig24583_ at	-2.06	-1.18	NP_199959.1	3e-35
Chlorophyll a/b-binding protein WCAB precursor [T. aestivum]	Contig617_ x_ at	-4.16	-1.06	AAB18209.1	e-88
Chlorophyll a/b-binding protein type I [H. vulgare subsp.]	X89023_ x_ at	-2.08	-1.02	T05938	e-153
Chlorophyll A-B binding protein 25, [Petunia sp.]	baak16l04_ x_ at	-2.32	1.01	P04782	3e-37
Chlorophyll a/b-binding protein WCAB precursor [T. aestivum]	Contig6_ x_ at	-2.47	1.04	AAB18209.1	e-122
Chlorophyll a/b-binding protein precursor [H. vulgare]	HVSMEn0020J05f_ x_ at	-2.10	1.22	AAF90200.1	3e-28
Ribulose-bisphosphate carboxylase [T. aestivum]	Contig589_ x_ at	-2.17	1.31	RKWTS	3e-97
Chlorophyll a/b-binding protein WCAB precursor [T. aestivum]	Contig1012_ s_ at	-2.87	1.32	AAB18209.1	4e-79
Chlorophyll a/b-binding protein WCAB precursor [T. aestivum]	Contig432_ x_ at	-4.01	1.32	AAB18209.1	e-128
Chlorophyll a/b-binding protein WCAB precursor [T. aestivum]	Contig425_ at	-6.37	1.34	AAB18209.1	e-113
Chlorophyll a/b-binding protein WCAB precursor [T. aestivum]	Contig837_ x_ at	-2.13	1.35	AAB18209.1	e-127

（续表）

Annotation	Probe ID	Fold change * (Cd treatments/control)		Accession No	E-value
		W6nk2	Zhenong8		
Chlorophyll a/b-binding protein WCAB precursor [T. aestivum]	Contig828_s_at	-2.4	1.69	AAB18209.1	e-138
Chlorophyll A-B binding protein 1B [L. esculentum]	Contig433_x_at	-5.22	1.70	1204205B	e-110
Protein synthesis					
30S ribosomal protein S17 [O. sativa]	Contig4490_s_at	-2.01	3.82	Q9ZST1	6e-45
50S ribosomal protein L24 [A. thaliana]	Contig6148_at	-2.05	3.25	NP_200271.1	3e-55
Putative elongation factor P [A. thaliana]	Contig17155_at	-2.38	3.06	NP_566333.1	5e-74
Putative 50S ribosomal protein L34 [O. sativa (japonica)]	Contig5102_s_at	-2.0	2.78	BAB92266.1	7e-34
30S ribosomal protein 3, chloroplastic [H. vulgare]	Contig6675_at	-2.21	2.16	O48609	5e-62
Putative ribosomal protein L18 [O. sativa]	Contig5586_at	-2.00	3.29	AAL79739.1	3e-62
30S ribosomal protein S1, chloroplast precursor [S. oleracea]	Contig428_at	-1.35	2.68	P29344	e-97
Ribosomal protein L1 protein [A. thaliana]	Contig466_at	-1.18	2.26	T51934	e-101
Putative plastid ribosomal protein L19 precursor [O. sativa]	Contig2941_at	-1.77	3.08	CAC39039.1	4e-60
Putative ribosomal protein L28 [O. sativa]	Contig4380_s_at	-1.80	3.69	AAG03094.1	7e-36
Ribosomal protein S5 [S. oleracea]	Contig4439_at	-1.70	2.48	CAA63650.1	2e-55
Ribosomal protein L3 precursor, chloroplast [N. tabacum]	Contig5240_at	-1.71	3.34	T01736	e-93
Putative plastid ribosomal protein CL9 [T. aestivum]	Contig5492_at	-1.86	2.27	AAM92711.1	4e-89
30S ribosomal protein S13, chloroplastic [A. thaliana]	Contig5526_s_at	-1.57	2.42	NP_568299.1	9e-46
Putative chloroplast 50S ribosomal protein L6 [A. thaliana]	Contig5573_at	-1.37	2.23	NP_172011.1	7e-82
Putative ribosomal protein L18 [O. sativa]	Contig5585_s_at	-1.83	3.68	AAL79739.1	5e-62
Plastid-specific ribosomal protein 6 precursor [S. oleracea]	Contig5659_at	-1.33	3.13	AAF64189.1	5e-20

（续表）

Annotation	Probe ID	Fold change * (Cd treatment/us control)		Accession No	E-value
		W6nk2	Zhenong8		
Plastid ribosomal protein CL15 [A. thaliana]	Contig5680_at	-1.62	2.67	CAA77592.1	6e-53
Plastid ribosomal protein CL15 [A. thaliana]	Contig5680_s_at	-1.48	2.56	CAA77592.1	6e-53
30S ribosomal protein S31 [A. thaliana]	Contig5708_at	-1.47	2.50	NP_181349.1	8e-10
50S ribosomal protein L5 [O. sativa]	Contig5775_at	-1.89	3.45	AAC64970.1	e-106
50S ribosomal protein L5 [O. sativa]	Contig5776_s_at	-1.31	2.16	AAC64970.1	3e-42
Putative ribosomal protein L13 [O. sativa (japonica)]	Contig6936_at	-1.60	3.45	BAB56046.1	e-105
Plastid ribosomal protein L11 [O. sativa (japonica)]	Contig8084_at	-1.96	3.82	BAB21483.1	6e-77
50S ribosomal protein L12-1, chloroplastic [S. cereale]	Contig8125_at	-1.59	3.42	Q06030	7e-46
50S ribosomal protein L27 [O. sativa (japonica)]	Contig8437_at	-1.67	2.27	O65037	6e-75
30S plastid ribosomal protein S6 [A. thaliana]	Contig8956_at	-1.69	2.16	NP_176632.1	2e-44
50S ribosomal protein L35 precursor [S. oleracea]	Contig9274_at	-1.14	3.04	P23326	e-28
50S ribosomal protein L35 precursor [S. oleracea]	Contig9274_s_at	-1.14	2.25	P23326	e-28
Plastid-specific ribosomal protein 2 precursor [S. oleracea]	Contig9436_at	-1.81	6.48	AAF64167.1	3e-50
Ribosomal protein L29 [Z. mays]	Contig9437_at	-1.85	3.99	AAD50383.1	2e-50
9S ribosomal protein [Z. mays]	Contig10093_s_at	-1.53	2.76	AAK16543.1	2e-64
Ribosomal protein L17-like protein [A. thaliana]	Contig10356_at	-1.60	3.40	AAM63452.1	4e-57
Ribosomal protein L12.1 precursor [S. cereale]	Contig12793_at	-1.68	3.95	S30199	2e-53
50S ribosomal protein L3 precursor [N. tabacum]	HA28J12r_s_at	-1.56	2.50	T01736	0.013
Ribosomal protein L17-like protein [A. thaliana]	rbags18k24_s_at	-1.62	3.33	AAM63452.1	2e-15
Ribosomal protein L17-like protein [A. thaliana]	rbags18k24_x_at	-1.74	3.43	AAM63452.1	2e-15

（续表）

Annotation	Probe ID	Fold change * (Cd treatment/s control)		Accession No	E-value
		W6nk2	Zhenong8		
50S ribosomal protein L4 [A. thaliana]	Contig0938_at	-1.78	3.38	AAF79563.1	5e-78
30S ribosomal protein S20 [O. sativa (japonica)]	Contig4215_at	-1.62	3.11	BAB90029.1	9e-62
Ribosome recycling factor, chloroplast precursor [S. oleracea]	Contig5004_at	-3.39	1.80	P82231	2e-71
Unknown classified					
Unknown protein [A. thaliana]	Contig4011_at	-4.37	2.35	AAM97054.1	6e-97
Unknown protein [O. sativa subsp. japonica]	Contig5712_at	-1.99	2.09	BAB62639.1	e-88
Unknown protein [O. sativa (japonica)]	HVSMEm0004N19r2_s_at	-1.28	2.61	BAB90029.1	3e-17
OSJNBb0066J23.1 [O. sativa (japonica)]	Contig16214_at	-1.31	2.62	CAD40597.1	3e-52
Hypothetical protein [O. sativa (japonica)]	HVSMEb0015P10r2_at	-1.49	2.34	BAB39880.1	6e-11
Hypothetical protein [A. thaliana]	Contig2396_s_at	-1.37	2.57	T12970	3e-11
Expressed protein [A. thaliana]	Contig3659_at	-1.00	4.58	NP_567820.1	2e-54
Expressed protein [A. thaliana]	Contig3659_s_at	1.08	5.51	NP_567820.1	2e-54
ESTs AU070372 (S13446) [A. thaliana]	Contig4243_at	-1.05	3.29	BAA82377.1	7e-74
Expressed protein [A. thaliana]	Contig4700_at	-1.15	2.19	NP_567209.1	2e-62
Unknown protein [O. sativa subsp. japonica]	Contig5048_s_at	-1.07	2.02	BAB61215.1	5e-35
Unknown protein [A. thaliana]	Contig5364_at	1.80	2.11	NP_194537.1	2e-45
Hypothetical protein [Nostoc sp. PCC 7120]	Contig6063_s_at	-1.36	7.15	NP_487053.1	9e-34
Pentatricopeptide repeat-containing protein [A. thaliana]	Contig6600_at	1.06	3.21	AAM19786.1	2e-50
Unnamed protein [O. sativa (japonica)]	Contig6817_at	-1.32	2.41	BAA89561.1	9e-13
Hypothetical protein [O. sativa (japonica)]	Contig7338_at	-1.14	3.15	AAI58119.1	e-43

（续表）

Annotation	Probe ID	Fold change * (Cd treatment/s control)		Accession No	E-value
		W6nk2	Zhenong8		
Putative uncharacterized protein [O. sativa (japonica)]	Contig7499_at	1.15	2.66	BAB16470.1	e−62
Unknown protein [O. sativa (japonica)]	Contig8064_at	1.01	2.4	BAB44030.1	2e−58
Similar to unknown protein [A. thaliana]	Contig8508_at	1.07	3.09	NP_200633.1	3e−51
Unknown protein [A. thaliana]	Contig9412_at	1.33	2.01	AAM66944.1	2e−81
Unknown protein [A. thaliana]	Contig9412_s_at	1.28	2.15	AAM66944.1	2e−81
Expressed protein [A. thaliana]	Contig9438_s_at	−1.02	2.00	NP_567420.1	5e−50
Unknown protein [A. thaliana]	Contig9596_at	1.16	2.12	NP_188468.1	e−10
Hypothetical protein F22K18.50 [A. thaliana]	Contig9660_at	−1.25	2.52	NP_194206.1	2e−48
Hypothetical protein [O. sativa (japonica)]	Contig9763_s_at	−1.01	3.17	BAC19990.1	2e−42
Expressed protein [A. thaliana]	Contig9936_at	−1.87	4.36	NP_567820.1	2e−20
Hypothetical protein [O. sativa (japonica)]	Contig9951_s_at	−1.36	2.68	BAB92407.1	9e−76
Hypothetical protein [O. sativa (japonica)]	Contig9952_at	−1.45	2.38	BAB92407.1	7e−74
P0518C01.34 [O. sativa (japonica)]	Contig9958_at	−1.03	2.20	BAB63695.1	3e−75
P0518C01.34 [O. sativa (japonica)]	Contig9958_s_at	−1.12	2.15	BAB63695.1	3e−75
Hypothetical protein T2J13.20 [A. thaliana]	Contig10346_at	1.18	2.30	NP_190483.1	2e−43
Unknown [Davidia involucrata]	Contig10655_at	−1.36	2.16	AAI47004.1	3e−25
Hypothetical protein M3E9.200 [S. bicolor]	Contig10822_at	1.20	4.91	AAL73975.1	2e−68
Hypothetical protein [O. sativa]	Contig11363_at	−1.22	2.11	AAK16173.1	3e−87
Putative uncharacterized protein AT4g13500 [A. thaliana]	Contig11763_s_at	−1.01	2.01	NP_193086.1	6e−19
Hypothetical protein [O. sativa (japonica)]	Contig11963_s_at	−1.15	2.01	BAB64743.1	3e−37

（续表）

Annotation	Probe ID	Fold change * (Cd treatment vs control)		Accession No	E-value
		W6nk2	Zhenong8		
AT5g23040/MYJ24_3 [A. thaliana]	Contig12028_at	-1.12	2.08	NP_197695.1	2e-55
Expressed protein [A. thaliana]	Contig12132_at	-1.14	2.00	NP_566113.1	3e-69
Expressed protein [A. thaliana]	Contig12132_s_at	-1.07	2.43	NP_566113.1	3e-69
Unknownprotein [O. sativa]	Contig13271_at	-1.71	3.93	AAL58188.1	e-103
Expressed protein [A. thaliana]	Contig13277_at	1.68	2.22	NP_564144.1	4e-41
Expressed protein [A. thaliana]	Contig13409_at	-1.32	2.06	NP_563991.1	7e-35
Expressed protein [A. thaliana]	Contig13457_s_at	-1.78	2.11	NP_567210.1	8e-38
Unknown protein [A. thaliana]	Contig13672_at	1.18	2.09	NP_177177.1	2e-26
Similar to cytoskeletal protein [O. sativa]	Contig14220_at	1.73	2.01	BACI0806.1	3e-33
Hypothetical protein [A. thaliana]	Contig15715_at	1.73	2.31	NP_180777.1	3e-30
Hypothetical protein [A. thaliana]	Contig16125_at	1.08	2.47	NP_565301.1	5e-43
Unknown [A. thaliana]	Contig18643_at	1.23	3.34	AAM66952.1	3e-15
Hypothetical protein [A. thaliana]	Contig18925_at	-1.05	2.12	NP_195074.1	2e-26
Expressed protein [A. thaliana]	Contig19088_at	1.37	2.48	NP_568663.1	2e-23
Putative uncharacterized protein [A. thaliana]	Contig20033_at	1.06	2.83	NP_198202.1	2e-19
Hypothetical protein [O. sativa]	Contig24253_at	-1.40	2.88	AAM08870.1	6e-21
Unknown protein [A. thaliana]	Contig25351_at	-1.49	2.94	NP_180876.1	8e-33
Hypothetical protein [O. sativa]	Contig4815_at	-1.48	4.55	AAK98749.1	3e-20
Hypothetical protein T7H20.230 [A. thaliana]	Contig18853_at	-1.29	2.06	NP_195838.1	3e-17
Hypothetical protein T18B16.70 [A. thaliana]	Contig24302_at	1.24	2.91	NP_193645.1	e-23

（续表）

Annotation	Probe ID	Fold change *（Cd treatmentrs control）		Accession No	E-value
		W6nk2	Zhenong8		
Unknown protein ［A. thaliana］	HVSMEb0001J13r2_at	1.99	2.14	AAM13860.1	4e-11
Unnamed protein product ［M. musculus］	EBma08_SQ002_M18_at	-2.24	-1.90	BAC27870.1	0.5
Hypothetical protein ［O. sativa (japonica)］	Contig10448_at	-2.52	-1.81	AAM88621.1	6e-34
Putative uncharacterized protein AT4g28770 ［A. thaliana］	Contig8424_s_at	-3.22	-1.66	NP_194606.1	4e-28
Expressed protein ［A. thaliana］	Contig8658_at	-3.48	-1.30	NP_565383.1	4e-19
Hypothetical protein ［O. sativa (japonica)］	HW05J24u_s_at	-2.13	-1.00	BAB55683.1	5e-19
Unknown protein ［O. sativa (japonica)］	Contig12710_at	-2.00	1.31	AAK20043.1	e-65
Hypothetical protein ［H. vulgare］	rbags25i16_at	-2.23	1.36	S49173	6e-06
Unknown protein ［O. sativa］	Contig15356_at	-2.00	1.5	BAB90214.1	6e-52
OSJNBb009e11.14 ［O. sativa (japonica)］	HS17I17u_s_at	-2.13	-1.31	CAD41545.1	0.031
None					
none	Contig12421_at	-2.30	3.32	none	none
none	Contig10140_s_at	-2.97	2.13	none	none
none	Contig2279_at	-3.78	2.02	none	none
none	Contig19291_at	-2.01	2.01	none	none
none	Contig2082_x_at	-1.49	2.41	none	none
none	Contig2476_at	-1.09	2.48	none	none
none	Contig2894_s_at	1.03	2.37	none	none
none	rbaal33h21_s_at	1.20	2.31	none	none
none	Contig4670_at	-1.08	2.34	none	none

（续表）

Probe ID	Annotation	Fold change * (Cd treatment vs control)		Accession No	E-value
		W6nk2	Zhenong8		
Contig4670_s_at	none	1.16	2.31	none	none
Contig5365_s_at	none	1.91	2.82	none	none
Contig9064_at	none	1.19	2.11	none	none
Contig11066_at	none	1.65	2.06	none	none
Contig12100_at	none	-1.88	2.66	none	none
Contig14088_s_at	none	-1.34	2.70	none	none
Contig14088_x_at	none	-1.06	2.06	none	none
Contig18518_at	none	-1.51	4.26	none	none
Contig18959_at	none	-1.30	2.44	none	none
Contig22849_at	none	1.28	2.46	none	none
Contig25667_s_at	none	1.31	2.26	none	none
basd23g06_s_at	none	1.06	6.02	none	none
EBed02_SQ003_F07_s_at	none	1.45	2.16	none	none
EBem10_SQ004_J15_at	none	1.06	2.18	none	none
EBes01_SQ002_E05_at	none	1.28	2.43	none	none
EBro07_SQ002_G23_s_at	none	1.37	3.49	none	none
HO10P07S_at	none	-1.27	2.09	none	none
HX13K24r_at	none	-1.09	2.13	none	none
HVSMEl0010l115r2_s_at	none	-1.13	2.19	none	none
HVSMEa0005E13r2_s_at	none	1.55	2.51	none	none

（续表）

Annotation	Probe ID	Fold change * (Cd treatment/s control)		Accession No	E-value
		W6nk2	Zhenong8		
none	HY08M06u_ x_ at	-1.66	2.39	none	none
none	HS18B10u_ s_ at	1.99	2.07	none	none
none	HW01P03u_ x_ at	1.05	2.14	none	none
none	HB32A22r_ at	-1.23	2.11	none	none
none	HVSMEa0011H12r2_ x_ at	1.30	2.17	none	none
none	Contig20565_ at	-2.52	-1.47	none	none
none	HVSMEb0014F22f_ s_ at	-2.12	-1.41	none	none
none	HVSMEf0023D17f_ s_ at	-2.87	-1.36	none	none
none	HD12C08r_ at	-2.85	-1.21	none	none
none	HB18H23r_ s_ at	-2.09	-1.18	none	none
none	HVSMEb0011H13r2_ at	-2.16	-1.14	none	none
none	Contig21965_ at	-2.12	-1.11	none	none
none	Contig8425_ at	-2.28	-1.11	none	none
none	Contig5807_ s_ at	-2.77	-1.08	none	none
none	HVSMEm0004L13r2_ s_ at	-2.20	-1.03	none	none
none	Contig26451_ at	-2.21	1.10	none	none
none	Contig18687_ at	-2.41	1.54	none	none
none	Contig2279_ s_ at	-3.03	1.76	none	none

S1. 4 List of genes up-regulated in both W6nk2 and Zhenong8 after 15 days exposure to 5 μmol/L Cd.

Annotation	Probe ID	Fold change * (Cd treatment vs control)		Accession No	E-value
		W6nk2	Zhenong8		
Stress and defense response					
Putative flavanone 3-hydroxylase [O. sativa (japonica)]	Contig11212_at	22.39	2.10	AAI58118.1	e-72
Putative lipoxygenase [A. thaliana]	Contig23795_at	2.49	2.48	NP_177396.1	8e-12
Methyljasmonate-inducible lipoxygenase 2 [H. vulgare]	Contig2306_s_at	2.52	3.17	T06190	5e-95
Senescence-associated protein [A. thaliana]	Contig9398_s_at	3.29	3.37	NP_569030.1	9e-17
Thionin precursor [H. vulgare]	Contig1580_x_at	2.63	5.16	S22515	6e-71
Thionin [H. vulgare]	Contig1570_s_at	2.81	16.06	AAB21531.1	e-76
ABA-induced protein [H. vulgare subsp. vulgare]	Contig6276_s_at	3.13	11.1	T04417	5e-80
Transport					
Copper chaperone homolog CCH [O. sativa]	Contig6788_at	3.02	4.54	T50779	6e-29
Carbohydrate metabolism					
Putative Glucan 1, 3-beta-glucosidase precursor [O. sativa (japonica)]	Contig9267_s_at	6.97	2.26	AAM08620.1	2e-53
Enolase 1 (2-phosphoglycerate dehydratase 1) [Z. mays]	Contig1298_at	2.64	2.50	P26301	e-116
Putative Glucan 1, 3-beta-glucosidase precursor [O. sativa (japonica)]	HU10K22u_s_at	3.15	5.19	AAM08620.1	5e-44
Apyrase GS52 [Glycine soja]	Contig3332_at	2.26	5.40	AAG32960.1	4e-55
Serine carboxypeptidase II, CP-MIII [H. vulgare]	Contig7697_at	3.09	2.35	T05701	e-114
Putative acid phosphatase [H. vulgare subsp. vulgare]	Contig2433_s_at	3.45	2.93	CAB71336.1	e-112
Signal transduction					
Protein kinase homolog [O. sativa]	Contig13973_at	2.37	2.51	T03444	3e-97

(续表)

Annotation	Probe ID	Fold change * (Cd treatment/s control)		Accession No	E-value
		W6nk2	Zhenong8		
Fat metabolism					
Similar to lipases [A. thaliana]	Contig6611_at	3.78	8.49	AAF63138.1	e-71
Unknown classified					
Hypothetical protein [O. sativa (japonica)]	Contig11926_s_at	2.34	2.24	BAB85334.1	e-20
Unnamed protein product [O. sativa (japonica)]	Contig6075_at	4.82	33.22	BAA94780.1	2e-76
Unknown protein [O. sativa (japonica)]	Contig6170_s_at	2.11	2.40	BAB78620.1	4e-30
OSJNBa0086B14.7 [O. sativa (japonica)]	Contig11993_at	3.83	4.09	CAD40835.1	4e-12
None					
none	Contig6699_s_at	8.84	2.16	none	none
none	Contig24662_at	2.85	2.18	none	none
none	HA10M12u_s_at	2.06	2.27	none	none
none	Contig18112_at	2.27	2.30	none	none
none	HV_CEa0009K20r2_x_at	9.94	2.77	none	none
none	HV_CEa0009K20r2_at	6.92	3.05	none	none
none	Contig6701_s_at	12.49	3.21	none	none
none	EBro01_SQ005_J04_at	8.95	3.34	none	none
none	Contig16541_at	3.30	4.39	none	none
none	HVSMEb0002K02r2_s_at	4.14	4.80	none	none
none	Contig8256_at	2.28	2	none	none

S1. 5 List of genes down-regulated in both W6nk2 and Zhenong8 after 15 days exposure to 5 μmol/L Cd.

Annotation	Probe ID	Fold change * (Cd treatments control)		Accession No	E-value
		W6nk2	Zhenong8		
Stress and defense response					
Cu/Zn superoxide dismutase [T. aestivum]	Contig3197_ at	-10.37	-4.51	T06800	9e-83
Gag polyprotein [Human immunodeficiency virus 1]	MitoContig15_ at	-8.68	-16.0	BAB12557.1	0.1
Transport					
Putative membrane protein A2g01770.1 [A. thaliana]	Contig25699_ at	-3.23	-2.36	NP_178286.1	3e-06
RAB5A protein [O. sativa]	Contig6921_ at	-2.27	-3.33	CAC19792.1	3e-83
Transcription					
Histone H2A.9 [T. aestivum]	Contig286_ s_ at	-4.17	-2.45	S53519	7e-51
Similar to nonhistone chromosomal protein [M. musculus]	HVSMEc0003C09f_ x_ at	-4.99	-8.95	XP_140242.1	0.4
Photosynthesis					
Photosystem I P700 apoprotein A1 [T. aestivum]	HV_CEa0013J19f_ at	-7.69	-8.80	NP_114259.1	8e-75
Photosystem I subunitIX [N. tabacum]	HVSMEa0022N20f_ at	-2.92	-5.02	NP_054521.1	2e-07
Photosystem I P700 chlorophyll A apoprotein A1 [Z. mays]	HVSMEc0016D02f_ at	-15.63	-10.71	P04966	7e-52
photosystem I P700 apoprotein A1 [T. aestivum]	HVSMEc0016J13f_ at	-11.51	-11.06	NP_114259.1	2e-17
Signal transduction					
SLAM family member 7, 19A protein [Homo sapiens]	EBro02_SQ006_D14_ s_ at	-3.51	-5.58	CAB81950.2	0.6
Protein synthesis					

（续表）

Annotation	Probe ID	Fold change * (Cd treatmentvs control)		Accession No	E-value
		W6nk2	Zhenong8		
Ribosomal protein S14 [T. aestivum]	HVSMEc0009D09f_at	-8.64	-8.20	NP_114257.1	2e-38
Unknown classified					
Hypothetical protein [O. elata subsp. hookeri]	ChlorContig11_s_at	-4.08	-6.11	NP_084748.1	3e-13
Hypothetical protein [O. elata subsp. hookeri]	ChlorContig11_x_at	-2.63	-3.38	NP_084748.1	3e-13
Hypothetical protein [O. sativa (japonica)]	ChlorContig9_at	-2.44	-3.09	AAM08574.1	2e-12
Putative uncharacterized protein At4g27350 [A. thaliana]	Contig5977_at	-2.19	-2.13	NP_194465.1	4e-28
Expressed protein [A. thaliana]	Contig17314_at	-2.10	-3.77	NP_567276.1	7e-91
Hypothetical protein [O. sativa (japonica)]	Contig2364_at	-2.59	-3.66	AAM08574.1	6e-32
Phosphate-induced protein 1-like protein [Pennisetum ciliare]	Contig9813_at	-4.78	-3.13	AAK15505.1	5e-59
Hypothetical protein F6E13.8 [A. thaliana]	HT09L15u_at	-10.63	-3.44	T00675	3e-28
Uncharacterized protein ycf68 [O. sativa (japonica)]	HVSMEa0020P01f_at	-17.7	-13.94	NP_039436.1	8e-19
Hypothetical protein [N. tabacum]	HVSMEc0003A01f_at	-3.64	-3.92	NP_054552.1	2e-06
Putative uncharacterized protein srbc-65 [Caenorhabditis elegans]	HVSMEc0004C11f_x_at	-2.85	-3.75	NP_507189.1	0.3
Hypothetical protein [O. elata subsp. hookeri]	HVSMEc0005O17f_x_at	-2.02	-2.70	NP_084748.1	2e-13
Hypothetical protein [Plasmodium yoelii yoelii]	HVSMEc0009K16f_s_at	-2.43	-3.26	EAA16547.1	0.1
Hypothetical protein [O. elata subsp. hookeri]	HVSMEc0011H17f_x_at	-2.57	-3.19	NP_084748.1	e-13
Hypothetical protein [O. elata subsp. hookeri]	HVSMEc0014G01f_x_at	-2.45	-6.06	NP_084748.1	2e-12

（续表）

Annotation	Probe ID	Fold change * (Cd treatmentus control)		Accession No	E-value
		W6nk2	Zhenong8		
Hypothetical protein ORF35 [Picea abies]	HVSMEc0019G06f_ at	-4.52	-3.44	T11812	0.012
Putative uncharacterized protein F8M21_130 [A. thaliana]	HVSMEg0017A08r2_ at	-2.54	-3.52	NP_197028.1	9e-06
Unnamed protein product [M. musculus]	MitoContig11_ at	-2.51	-3.07	BAC26016.1	0.6
ORF-98; hypothetical sterility protein 1 [P. vulgaris]	HVSMEc0019O14f_ at	-7.20	-6.72	S26981	3e-15
Uncharacterized protein	Contig10642_ at	-3.94	-5.75	BAC10843.1	8e-40
Unnamed protein product [H. sapiens]	MitoContig10_ x_ at	-6.16	-20.7	BAB71593.1	0.6
None					
none	Contig15194_ at	-2.62	-3.20	none	none
none	Contig21096_ at	-2.47	-3.05	none	none
none	Contig23342_ at	-3.67	-2.62	none	none
none	Contig24866_ at	-4.63	-4.59	none	none
none	Contig7914_ at	-6.96	-8.26	none	none
none	HU10I18u_ at	-2.63	-4.06	none	none
none	HV_ CEa0012H15r2_ at	-2.06	-3.23	none	none
none	HVSMEc0001D14f_ x_ at	-3.34	-5.34	none	none
none	HVSMEc0001F13f_ at	-3.85	-2.77	none	none
none	HY02K24u_ at	-3.37	-2.46	none	none

S1. 6 Cd-induced differential genes expression except for transport related in leaves of two barley genotypes. Heat map visualises the expression of genes up-regulated in W6nk2 and down-regulated/no-change in Zhenong8, and no change in W6nk2 and down-regulated in Zhenong8 (Cd *vs* control) after Cd exposure for 15 d. The contig IDs and annotations are listed on the right. Red, green and black indicate genes that increased, decreased and showed equal levels of expression, respectively, as compared to the control. The contig ID and annotation of each gene are listed on the right of the figure. The identity and accession numbers of genes are listed in Table S1. 2.

附录2 mRNA 的分离方法

S3. 1 Preparing of beads：

50μl of beads put for 1 ~ 2 min on MPC

remove supernatant

remove tube

add 25μl of binding buffer

1 ~ 2 min on MPC

remove supernatant

add 25μl of binding buffer

S3. 2 mRNA isolation：

50μl RNA + 100 μl of binding buffer

65℃ for 2 min, on ice

150μl (RNA + binding buffer) + 25 μl (binding buffer + beads)

5 min mixing (pipeting)

1 ~ 2 min on MPC

remove supernatant

remove from MPC

add 200μl of washing buffer

mix by pipeting

1 ~ 2 min on MPC

remove supernatant

repeat washing

20μl of DEPC-treated water

80℃ for 2 min

quick on MPC

elution of mRNA

附录3　本实验用基本培养基配方

S3.1 1L LB 培养基

NaCl	8 g/L
胰化（蛋白）胨	10 g/L
酵母提取物	5 g/L
琼脂（液体培养基无）	15 g/L

用 NaOH 调 pH 值至 7.0 ~ 7.2，高压灭菌 20 min。

S3.2 1L YEB 培养基

Beef extract	5 g
Yeast	1 g
Bacto peptone	5 g
Sucrose	5 g
$MgSO_4 \cdot 7H_2O$	0.5 g
Agar（no agar for liquid media）	15 g

Adjust pH to 7. 5

S3. 3 MG 培养基

MG/L	1 L
Mannitol	5 g
L-glutamic acid	1 g
KH_2PO_4	0. 25 g
NaCl	0. 10 g
$MgSO_4 \cdot 7H_2O$	0. 10 g
biotin	10μl of 0. 1 mg/ml stock
tryptone	5 g
yeast extract	2. 5 g
Adjust pH to 7. 0	

S3. 4 1L BCI 培养基

MS Salt MACRO (10 × stock)	100 ml
FHG MICRO (100 × stock)	10 ml
Thiamine-HCL (1 mg/ml)	1. 0 ml
Myo-Inositol	250 mg
Casein Hydrolysate (500 mg/ml)	2. 0 ml
Dicamba (1 mg/ml)	2. 5 ml
Proline	0. 69 g
用 KOH 调 pH 值至 5. 9	
Maltose	30. 00 g
IRON (200 × stock)	5. 0 ml
EDTA (20 mmol/L)	5. 0 ml
Phytagel (no phytagel for liquid media)	3. 50 g
121℃ 高压灭菌 20 min	

S3. 5 1L BCI-DM 培养基

MS Salt MACRO（10×stock）	100 ml
FHG MICRO（100×stock）　+ Estra CuSO4 1. 25 g/L	10 ml
Thiamine-HCL（1 mg/ml）	1. 0 ml
Myo-Inositol	250 mg
Casein Hydrolysate（500 mg/ml）	2. 0 ml
Dicamba（1 mg/ml）	2. 5 ml
Proline	0. 69 g
用 KOH 调 pH 值至 5. 9	
Maltose	30. 00 g
IRON（200×stock）	5. 0 ml
EDTA（20 mmol/L）	5. 0 ml
Phytagel	3. 50 g
121℃高压灭菌 20 min	
AMP 100	
Timentin 150 mg/L（sterilfiltreres）	
Hygromycin 50 mg/L（sterilfiltreres）	

S3. 6 1L FHG 培养基

FHG-I MICRO（10×stock）	100 ml
FHG MICRO（100×stock）　+ Estra CuSO$_4$ 0. 103 g/L	10 ml
Thiamine-HCL（1 mg/ml）	1. 0 ml
Myo-Inositol	100 mg
Glutamine	730 mg
用 KOH 调 pH 值至 5. 9	
Maltose	62. 00 g
IRON（200×stock）	5. 0 ml
EDTA（20 mmol/L）	5. 0 ml
Phytagel	3. 50 g
121℃高压灭菌 20 min	

（续表）

AMP 100
Hygromycin 20 mg/L（sterilfiltreres）
BAP 1 mg/L（sterilfiltreres）

S3.7 1L BCI Cylender 培养基

MS Salt MACRO（10×stock）	100 ml
FHG MICRO（100×stock）	10 ml
Thiamine-HCL（1 mg/ml）	1.0 ml
Myo-Inositol	250 mg
Casein Hydrolysate（500 mg/ml）	2.0 ml
Proline	0.69 g
用 KOH 调 pH 值至 5.9	
Maltose	30.00 g
IRON（200×stock）	5.0 ml
EDTA（20 mmol/L）	5.0 ml
Phytagel	3.50 g
121℃高压灭菌 20 min	
AMP 100	
Hygromycin 50 mg/L（sterilfiltreres）	

MS Salt MACRO（10×stock）	
Reagents	g/L
NH_4NO_3	16.5
KNO_3	19
$CaCl_2 \cdot 2H_2O$	4.4
$MgSO_4 \cdot 7H_2O$	3.7
KH_2PO_4	1.7

S3. 8 母液 Stock solutions

IRON （200 × stock）	g/L
$FeCl_3 \cdot 6H_2O$	5. 4
NB: Is light sensitive; store in dark at 4℃	

EDTA （20 mmol/L）	g/L
$Na_2EDTA \cdot 2H_2O$	7. 44

FHG – I （10 × stock）	
Reagents	g/L
NH_4NO_3	1. 65
KNO_3	19
$CaCl_2 \cdot 2H_2O$	4. 4
$MgSO_4 \cdot 7H_2O$	3. 7
KH_2PO_4	1. 7

FHGMICRO （100 × stock）	
Reagents	g/L
H_3BO_3	0. 62
$MnSO_4 \cdot H_2O$ （or $MnSO_4 \cdot 4H_2O$）	1. 69 （2. 23）
$ZnSO_4 \cdot 7H_2O$	0. 86
KI	0. 083
Na2MoO4 $\cdot 2H_2O$	0. 025
$CuSO_4 \cdot 5H_2O$ （or STOCK: 0. 0025 g/ml）	0. 0025 （1 ml）
$CoCl_2 \cdot 6H_2O$ （or STOCK: 0. 0025 g/ml）	0. 0025 （1 ml）

附录 4　分子生物学实验中的体系建立

S4.1 *ZIP* 基因 PCR 扩增引物序列

ZIP3 Fw	GTGCATTCAGTGATAATTGGCG
ZIP3 Rv	AGGTCCACTAGGGACATGTAGA
ZIP5 Fw	TAGCTGACACAATCCGGCACAGG
ZIP5 Rv	TGTATTTGTCTGTAGCTTTGGG
ZIP7 Fw	GTGCACTCGGTGATCATCGGCA
ZIP7 Rv	AGGTCGACGAGTGCCATGTATA
ZIP8 Fw	CGCCAAGCTCATCCGTCACCGC
ZIP8 Rv	TCCATTGTTCTGCACCCTAGGA

S4.2 *ZIP* 基因片段 PCR 扩增体系

Plant cDNA	1 μl
10 × Advantage 2 Buffer	5 μl
dNTP mixture（3 mmol/L）	6 μl
Primer Fw（10 pmol/μl）	2.5 μl
Primer Rv（10 pmol/μl）	2.5 μl
50 × Advantage 2 Polmerase Mix	1 μl
MilliQ H_2O	32 μl

反应程序：95℃预变性 5 min；95℃变性 45 s，57℃退火 50 s，72℃延伸 1 min，循环 35 次；72℃再延伸 5 min，10℃ 保存。

S4.3 Klenow Fill up protocol（making blunt end）

Extracted PCR mix from gel	27 μl
10 × Buffer Klenow	3 μl
dNTP mixture（2 mmol/L）	3 μl
Klenow Fragment（10U/μl）	1 μl

37℃孵育 30 min

S4.4 pENTR4 载体酶切体系

pENTR4 载体	10 μl
10 × NEBuffer 2	4 μl
Xmn I （10U/μl）	1.5 μl
EcoR V （10U/μl）	1.5 μl
MilliQ H$_2$O	33 μl

37℃孵育 1h，再按照 Invitrogen 快速胶回收试剂盒方法回收的目的片段，产物于 1.0% 凝胶检测回收 DNA。

S4.5 目的基因与 pENTR4 载体的连接体系

回收后的 pENTR4 载体	1 μl
Inserted DNA	11.5 μl
10 × ligase Buffer	1.5 μl
T4 DNA ligase （3U/μl）	1 μl

16℃反应 16h，直接用于转化。

S4.6 ZIP—ENTR4 重组克隆载体质粒的酶切体系：

质粒 DNA	4 μl
10 × NEBuffer 2	3 μl
Nco I （10U/μl）	1 μl
Pst I （10U/μl）	1 μl
MilliQ H$_2$O	31 μl

37℃孵育 1h，产物于 1.0% 凝胶检测酶切后 DNA 片段。

S4.7 ZIP—ENTR4 质粒与 Gateway 目标载体 pSTARGATE 连接体系：

Entry clone （DNA）	7 μl
目标载体 pSTARGATE	1 μl
LR Clonase Ⅱ enzyme mix	2 μl
MilliQ H$_2$O	6 μl

室温下连接过夜。

附录 5　克隆得到的 ZIP 基因序列

S5.1 来自低镉积累品种 W6nk2 的 *ZIP*3 基因片段与报道的 *ZIP*3 基因同源性比较图

```
Score=553bits（612）, Expect=3e-154
Identities=310/311（99%）, Gaps=1/311（0%）
Strand=Plus/Minus

Query   1   ACTAGGGACATGTAGATTAGAATCCCTGCCGAGGCTGAGTTGAAGACTCCCTCAATAATG 60
            ||||||||||||||||||||||||||||||||||||||||||||||||||||||||||||
Sbjct 965   ACTAGGGACATGTAGATTAGAATCCCTGCCGAGGCTGAGTTGAAGACTCCCTCAATAATG 906

Query  61   AAGGCAGTAGAGCTATGCACATTATAGCTAGATGAAACCGCAATCCCTAGCACGATGCCC 120
            ||||||||||||||||||||||||||||||||||||||||||||||||||||||||||||
Sbjct 905   AAGGCAGTAGAGCTATGCACATTATAGCTAGATGAAACCGCAATCCCTAGCACGATGCCC 846

Query 121   ACTGGTGCGGTAAGGGAGAAAAACGTTGCCATGATGATGGTTGCCCTTACCTTGAAATTA 180
            ||||||||||||||||||||||||||||||||||||||||||||||||||||||||||||
Sbjct 845   ACTGGTGCGGTAAGGGAGAAAAACGTTGCCATGATGATGGTTGCCCTTACCTTGAAATTA 786

Query 181   GCCTGAACAATGCAACCACCCAAGCCTATGCCTTCAAAGAATTGATGGAAGCTGAGGGCA 240
            ||||||||||||||||||||||||||||||||||||||||||||||||||||||||||||
Sbjct 785   GCCTGAACAATGCAACCACCCAAGCCTATGCCTTCAAAGAATTGATGGAAGCTGAGGGCA 726

Query 241   CCGACCAGAGGCTTGATGGTGGATGGCCTCACAGATGCTCCTAATGACACGCCAATTATC 300
            ||||||||||||||||||||||||||||||||||||||||||||||||||||||||||||
Sbjct 725   CCGACCAGAGGCTTGATGGTGGATGGCCTCACAGATGCTCCTAATGACACGCCAATTATC 666

Query 301   ACT-AATGCAC 310
            ||| |||||||
Sbjct 665   ACTGAATGCAC 655
```

注：Query：克隆得到的*ZIP*基因的片段，Sbjct：报道的此基因部分序列；蓝色的部分表示此基因在此品种里是特异性的，另外一个品种里没有此段序列。下同

S5.2 来自高镉积累品种浙农 8 号的 *ZIP3* 基因片段与报道的 *ZIP3* 基因同源性比较图

Score=334bits（370），Expect=9e-89
Identities=198/205（97%），Gaps=1/205（0%）
Strand=Plus/Minus

```
Query 1    GAAAGCTGGGTCTAGATAGGTCCACTAGGGACATGTAGATTAGAATCCCTGCCGAGGCTG 60
           ||||  |||   ||||| ||||||||||||||||||||||||||||||||||||||||||
Sbjct 987  GAAATCTGTTGCTAGA-AGGTCCACTAGGGACATGTAGATTAGAATCCCTGCCGAGGCTG 929

Query 61   AGTTGAAGACTCCCTCAATAATGAAGGCAGTAGAGCTATGCACATTATAGCTAGATGAAA 120
           ||||||||||||||||||||||||||||||||||||||||||||||||||||||||||||
Sbjct 928  AGTTGAAGACTCCCTCAATAATGAAGGCAGTAGAGCTATGCACATTATAGCTAGATGAAA 869

Query 121  CCGCAATCCCTATCACGATGCCCACTGGTGCGGTAAGGGAGAAAAACGTTGCCATGATGA 180
           ||||||||||||| ||||||||||||||||||||||||||||||||||||||||||||||
Sbjct 868  CCGCAATCCCTAGCACGATGCCCACTGGTGCGGTAAGGGAGAAAAACGTTGCCATGATGA 809

Query 181  TGGTTGCCCTTACCTTGAAGTTAGC 205
           |||||||||||||||||| |||||
Sbjct 808  TGGTTGCCCTTACCTTGAAATTAGC 784
```

S5.3 来自低镉积累品种 W6nk2 的 *ZIP5* 基因片段与报道的 *ZIP5* 基因同源性比较图

Score=293bits（324），Expect=5e−76
Identities=252/312（81%），Gaps=0/312（0%）
Strand=Plus/Minus

```
Query 1     TCGACGAATGCCATGTCTACTAGGATCCCCGCCGCCACGGAGTTGAGGCTGCTTTCCACC 60
            ||||||| ||||||| |  |||||||||||| ||||||||||||||||| |||||||
Sbjct 1010  TCGACGAGGGCCATGTAGATGAGGATCCCCGCTGCCACGGAGTTGAGGCTGCCCTCCACC 951

Query 61    TCGAGCGCCGTCGGGCTGTTCTCGTGTTACACTCTCGATATGTGAAAGCCGATGGCGATA 120
            | |||||||||||||||||| || ||||| | |||||| |||||| ||| |||
Sbjct 950   ACCAGCGCCGTCGGGCTGTTCTTGTTGTACACCCGTGATATGCCAAAGCCAATGAGGATT 891

Query 121   CCCACCGTCGTTGTATCGCACAAGAAGAGGATCATGGTCGCTATGGACCTGGCCTTGAAC 180
            |||||| ||||||  |||  |||||||||||||||| || |||||||||| |||||||||
Sbjct 890   CCCACCGGCGTTGTCAAGCAGAAGAAGAGGATCATGATCACGATGGACCTAGCCTTGAAC 831

Query 181   TTTGCCTGAACTAAGAATTCACCAAGGCCCATTCCCTCGTACATCTGGTGGAAGTTCCTT 240
            |||||||| ||||  | |  |||||||||||||||||||| |||||||||||||||| ||
Sbjct 830   TTTGCCTGGACTATGCAGCCACCAAGGCCCATTCCCTCGAACATCTGGTGGAAGCTCAAG 771

Query 241   GTGTTGATCAGAGGTTTGATCGTTTCCGGGTCCTGATACTCGCCCAGGGAGATGCCGACA 300
            | |   | |||| ||||||  ||||| || |||| || |||| |||||||||||||||||
Sbjct 770   GCGGCCACAAGAGATTTGATTGTTTCAGGGTTCTGAGACGCGCCGAGGGAGATGCCGATG 711

Query 301   AACACCAAATGC 312
            | ||||| | |||
Sbjct 710   ATCACCGAGTGC 699
```

S5.4 来自高镉积累品种浙农 8 号的 *ZIP5* 基因片段与报道的 *ZIP5* 基因同源性比较图

Score=455bits（504），Expect=7e-125
Identities=291/317（92%），Gaps=0/317（0%）
Strand=Plus/Minus

```
Query 1     AGGTCGACGAGTGCCATGTATATGAGGATCCCAGCCGCCACGGAGTTGAGGCTGCCCTCC 60
            |||||||||| ||||||| |||||||||| || ||||||||||||||||||||||||||||
Sbjct 1013  AGGTCGACGAGGGCCATGTAGATGAGGATCCCCGCTGCCACGGAGTTGAGGCTGCCCTCC 954

Query 61    ACCACCAGCGCCGTCGGGCTGTATTCGTTGTACACTCGCGATATGCCAAAGCCGACGGCG 120
            |||||||||||||||||||||| | ||||||| || |||||||||||||||| | | |
Sbjct 953   ACCACCAGCGCCGTCGGGCTGTTCTTGTTGTACACCCGTGATATGCCAAAGCCAATGAGG 894

Query 121   ATCCCCACCGGCGTTGTGAGGCAGAAGAAGAGGATCATGGTCACGATGGACCTAGCCCTG 180
            || ||||||||||||||| | |||||||||||||||||| |||||||||||||||| |||
Sbjct 893   ATTCCCACCGGCGTTGTCAAGCAGAAGAAGAGGATCATGATCACGATGGACCTAGCCTTG 834

Query 181   AACTTTGCCTGAACTATGCAGCCACCAAGGCCCATTCCCTCGAACATCTGGTGGAAGCTC 240
            |||||||||| ||||||||||||||||||||||||||||||||||||||||||||||||||
Sbjct 833   AACTTTGCCTGGACTATGCAGCCACCAAGGCCCATTCCCTCGAACATCTGGTGGAAGCTC 774

Query 241   AAGGCGACGACGAGAGGTTTGATAGTGTCCGGGTTCTGAGACGCGCCGAGGGAGATGCCG 300
            ||||||| | || |||| ||||||| ||||| ||||||||||||||||||||||||||||
Sbjct 773   AAGGCGGCCACAAGAGATTTGATTGTTTCAGGGTTCTGAGACGCGCCGAGGGAGATGCCG 714

Query 301   ATGATCACCGAGTGCAC 317
            |||||||||||||||||
Sbjct 713   ATGATCACCGAGTGCAC 697
```

S5.5 来自低镉积累品种 W6nk2 的 *ZIP7* 基因片段与报道的 *ZIP7* 基因同源性比较图

Score=545bits（604）, Expect=5e-152
Identities=305/307（99%）, Gaps=0/307（0%）
Strand=Plus/Minus

```
Query 1     GATATCCACCAGCGCCATGTATATGAGTATGCCGGCCGACACAGAGCCGAGGATGCCTTC 60
            ||  |||||||||||||||||||||||||||||||||||||||||||| |||||||||||
Sbjct 1045  GAGATCCACCAGCGCCATGTATATGAGTATGCCGGCCGACACAGAGTCGAGGATGCCTTC 986

Query 61    CACCACTAGAGCCCTGGGGCTATTTGCGTCGTAAAATGAGGACAAACCAGCCCCAGCAGC 120
            ||||||||||||||||||||||||||||||||||||||||||||||||||||||||||||
Sbjct 985   CACCACTAGAGCCCTGGGGCTATTTGCGTCGTAAAATGAGGACAAACCAGCCCCAGCAGC 926

Query 121   GATACCAGTTGGTGTTGTAATGGCAAAAAAGGAGGCCATCATGACTGCCGAAAGGTTCTT 180
            ||||||||||||||||||||||||||||||||||||||||||||||||||||||||||||
Sbjct 925   GATACCAGTTGGTGTTGTAATGGCAAAAAAGGAGGCCATCATGACTGCCGAAAGGTTCTT 866

Query 181   AAACTGAGCCTGCGCGATGCACCCACCAAGGGCAAACCCCTCGAAGAACTGGTGAAATGA 240
            ||||||||||||||||||||||||||||||||||||||||||||||||||||||||||||
Sbjct 865   AAACTGAGCCTGCGCGATGCACCCACCAAGGGCAAACCCCTCGAAGAACTGGTGAAATGA 806

Query 241   GAGCGCTGCCACCAATGGCCTGATTGCGCAGGGGCTCCGAGACACCCCAAGCGACAGCCC 300
            ||||||||||||||||||||||||||||||||||||||||||||||||||||||||||||
Sbjct 805   GAGCGCTGCCACCAATGGCCTGATTGCGCAGGGGCTCCGAGACACCCCAAGCGACAGCCC 746

Query 301   AATGATC 307
            |||||||
Sbjct 745   AATGATC 739
```

S5.6 来自低镉积累品种浙农 8 号的 *ZIP7* 基因片段与报道的 *ZIP7* 基因同源性比较图

Score=527bits（584）, Expect=1e-146
Identities=307/317（97%）, Gaps=0/317（0%）
Strand=Plus/Minus

```
Query 1     AGATCCACCTGCGCCCTGTATATGAGTATGCCGGCCGACACAGAGTCCAGGATGCCTTCC 60
            |||||||||| ||||| ||||||||||||||||||||||||||||| |||||||||||||
Sbjct 1044  AGATCCACCAGCGCCATGTATATGAGTATGCCGGCCGACACAGAGTCGAGGATGCCTTCC 985

Query 61    ACCACTAGAGCCCTGGGGCTATTTGCGTCTCAAAATGAGGACAAACCAGCCCCAGGAGCG 120
            |||||||||||||||||||||||||||||| ||||||||||||||||||||||| ||||
Sbjct 984   ACCACTAGAGCCCTGGGGCTATTTGCGTCGTAAAATGAGGACAAACCAGCCCCAGCAGCG 925

Query 121   ATACCAATTGGTGTTGTAATGGCAAAAAAGGAGGCCATCATGACTGCCGAAAGGTTCTTA 180
            ||||| ||||||||||||||||||||||||||||||||||||||||||||||||||||||
Sbjct 924   ATACCAGTTGGTGTTGTAATGGCAAAAAAGGAGGCCATCATGACTGCCGAAAGGTTCTTA 865

Query 181   AACTGAGCCTGCGCGATGCACCCACCAAGGGCAAACCCCTCCAAGAACTGGTGAAATGAG 240
            |||||||||||||||||||||||||||||||||||||||||| ||||||||||||||||
Sbjct 864   AACTGAGCCTGCGCGATGCACCCACCAAGGGCAAACCCCTCGAAGAACTGGTGAAATGAG 805

Query 241   AGCGTTGCCACCAATGGCCTGATTGCGCAGGGGCTCCGAGACACCCCAAGCGACGGCCCA 300
            ||||| |||||||||||||||||||||||||||||||||||||||||||||||||| |||
Sbjct 804   AGCGCTGCCACCAATGGCCTGATTGCGCAGGGGCTCCGAGACACCCCAAGCGACAGCCCA 745

Query 301   ATGATCACGGAGTGCGA 317
            |||||||||||||||||
Sbjct 744   ATGATCACGGAGTGCGA 728
```

S5.7 来自低镉积累品种 W6nk2 的 *ZIP*8 基因片段与报道的 *ZIP*8 基因同源性比较图

Score=257bits（284），Expect=3e–65
Identities=219/269（81%），Gaps=1/269（0%）
Strand=Plus/Minus

```
Query  1    AGGTGGACCAGCCCCTTGTACTTGAGGATCCCTGCGGCGGCCCCCCTGACGATCCCTTGT  60
            |||| |||||||| ||  |||| |||||||||||||||||||||||  |  |||| ||||||||||
Sbjct  962  AGGTCGACCAGCGCCATGTAGTTGAGGATCCCTGCGGCGGCGGCGCTGAGGATCCCTTGG  903

Query  61   TTGATGAGGGTGTTGGGGCTGTTTTCGTTGATAACAGAGGATATCCCGATGCCGATCATT  120
            |||||||||||||||||||||||| ||||||| |||||||||||||||||||||||||||||||||
Sbjct  902  GTGATGAGGGTGTTGGGGCTGTTCTCGTTGTAAACAGAGGATATCCCGATGCCGATCACG  843

Query  121  ACCCCGACCAGTGTGGAGTGTGAGAAGAAGATCACCATCTGCATCCCGGACTTTGACCGG  180
            ||||||||| | |||| | ||||||||||||| | ||||| ||| | ||||||||    ||||
Sbjct  842  ACCCCGACCGGCGTGGTGAGTGAGAAGAAGAGCGCCATCAGCAGCACGGACTTCAGCCGG  783

Query  181  AACTTGTCCGGAACGATCCATCCTCCAATGCCTTTTTCTT-GGCGAACTCACGGAACGT  C239
            |||||| || ||||||||| ||||||| |  ||| | |||  | ||||| | |||| |||
Sbjct  782  AACTTGGCCTGAACGATGCATCCTCCGAGCCCTATCCCTTCGAAGAACTGATGGAAGTT  723

Query  240  TGCGCGAGCTCTAGAGTTCTGATCGCGCT  268
            |||||| | | || | |||||||| ||||
Sbjct  722  AGCGCGACCACCAGTGGTCTGATCGTGCT  694
```

S5.8 来自低镉积累品种浙农 8 号的 *ZIP8* 基因片段与报道的 *ZIP8* 基因同源性比较图

Score=522bits（578），Expect=5e-145
Identities=306/317（97%），Gaps=0/317（0%）
Strand=Plus/Plus

```
Query 1    GTGCACTCGGTGATCATCGGCATGTCTCTCGGCGCATCCCAAAGCGCCAGCACGATCAGA 60
           |||||||||||||||||||||||||||||||||||||||||| |||||||||||||||||
Sbjct 646  GTGCACTCGGTGATCATCGGCATGTCTCTCGGCGCATCCCAGAGCGCCAGCACGATCAGA 705

Query 61   CCACTGGTGGTCGCGCTAACTTTACATCTATTCTTCTAAGGGATAGGGCTCGGAGGATGC 120
           ||||||||||||||||||||||||| |||| |||||| ||||||||||||||||||||||
Sbjct 706  CCACTGGTGGTCGCGCTAACTTTCCATCAGTTCTTCGAAGGGATAGGGCTCGGAGGATGC 765

Query 121  ATCGTTCAGGCCAAGTTCCGGCTGAAGTCCGTGCTGCTGATGGCGCTCTTCTTCTCACTC 180
           ||||||||||||||||||||||||||||||||||||||||||||||||||||||||||||
Sbjct 766  ATCGTTCAGGCCAAGTTCCGGCTGAAGTCCGTGCTGCTGATGGCGCTCTTCTTCTCACTC 825

Query 181  ACCACGCCGGTCGGGGTCGTGATCGGCATCGGGATATCCTCTGTTTACACCGAGAACAGC 240
           |||||||||||||||||||||||||||||||||||||||||||||||| |||||||||||
Sbjct 826  ACCACGCCGGTCGGGGTCGTGATCGGCATCGGGATATCCTCTGTTTACAACGAGAACAGC 885

Query 241  CCCAACACCCTCATCCCCCAATGGATCCTCATCGCCGCCGCCGCAGGGATTCTCAACTAC 300
           ||||||||||||||||| ||||| ||||||||| ||||||||||||||||| ||||||||
Sbjct 886  CCCAACACCCTCATCACCCAAGGGATCCTCAGCGCCGCCGCCGCAGGGATCCTCAACTAC 945

Query 301  ATGGCGCTGGTCAACCT 317
           ||||||||||||| ||||
Sbjct 946  ATGGCGCTGGTCGACCT 962
```

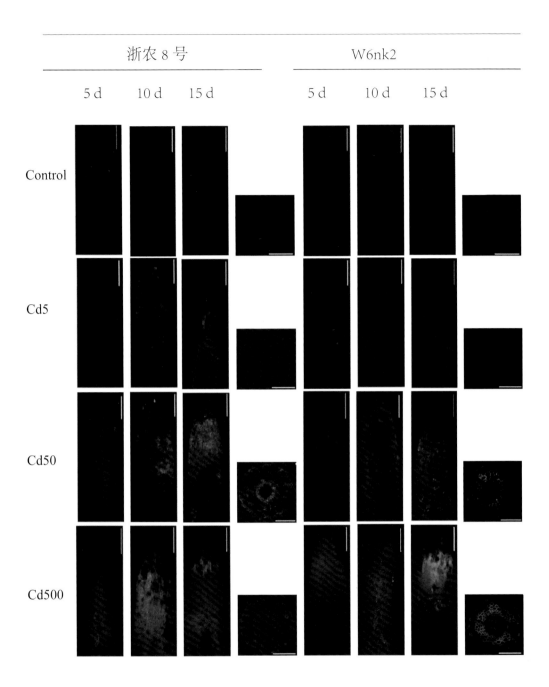

彩图 1　镉胁迫下大麦幼苗根尖镉荧光定位及基因型差异

Color figure 1　Micrographs of root tips from seedlings of two barley geneotypes exposed to 0 μmol/L (Control), 5μmol/L、50μmol/L and 500 μmol/L Cd after different days, by using Leadamium TM Green AM dye. Scale bars =250 μm

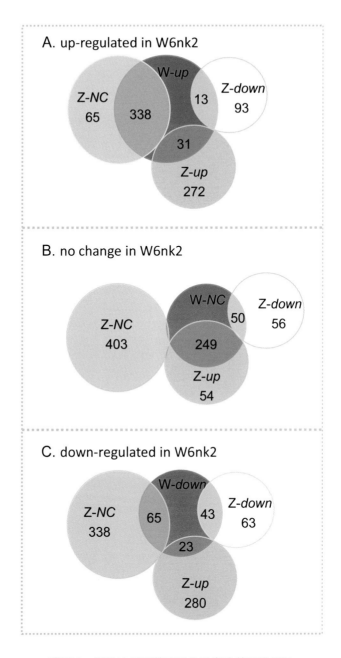

彩图 2　镉胁迫后两基因型差异表达基因维恩图
Color figure 2　Leaf transcriptome profiles of Cd stress-responsive genes in barley. Venn diagrams show the number of genes regulated by Cd treatment (5 μmol/L Cd stress for 15 days) and overlap between Zhenong 8 (Z) and W6nk2 (W). The data are genes, which were up-regulated (up) (A), no change (NC) (B) and down-regulated (down) (C) in W6nk2, while in Zhenong8 which are down-regulated or up-regulated or no change. Within each genotype, transcript abundances of the genes showing a Cd treatment to controls ratio greater than ±2 (P<0.05) are used in the analysis

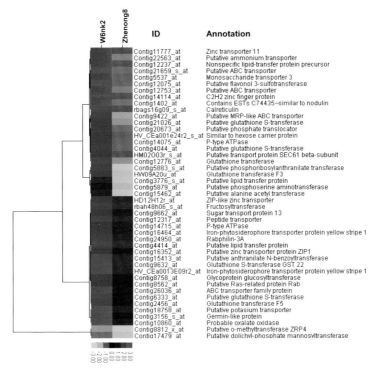

彩图 3 镉胁迫下不同籽粒镉积累大麦基因型芯片数据中转运相关基因聚类图

Color figure 3 Cd-induced differential transport related genes expression in leaves of two barley genotypes

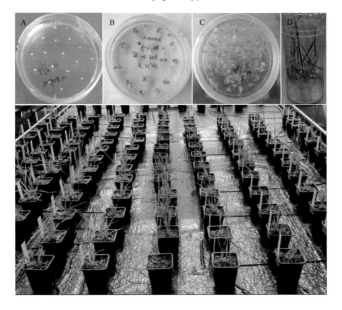

彩图 4 大麦转基因不同生长阶段图

Color figure 4 Barley transgenic plants during different stage

镉处理后时间	耐镉基因型 萎缩不知		镉敏感基因型 东 17	
	对照 control	镉处理 50μmol/L Cd	对照 control	镉处理 50μmol/L Cd
0 h	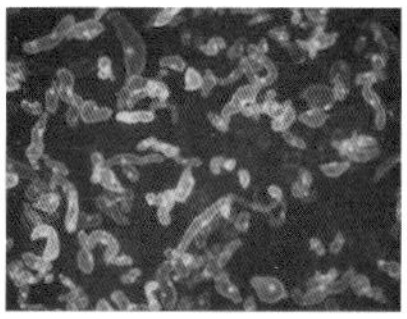	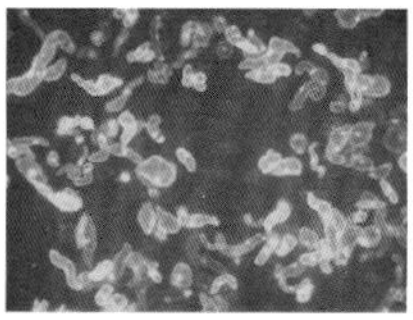	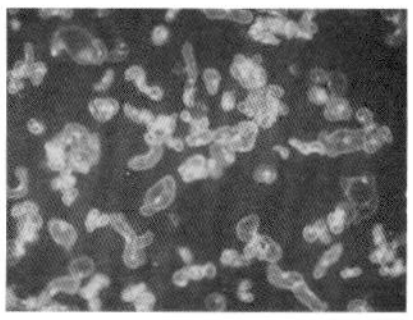	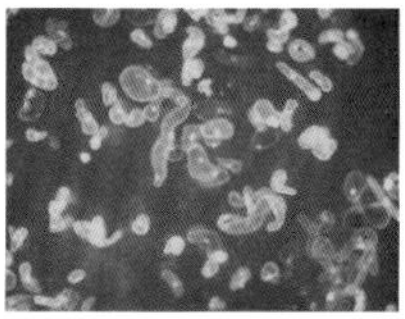
5 h	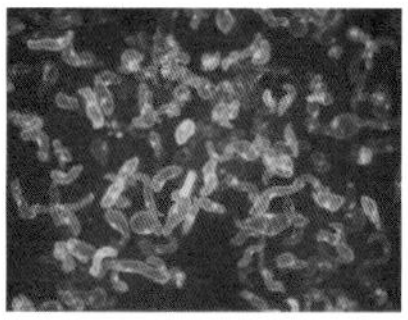	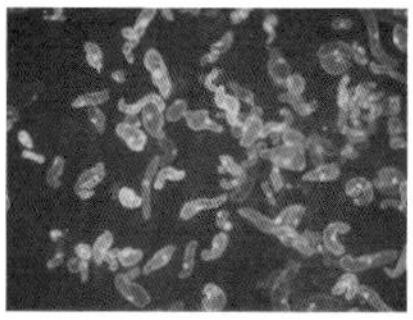	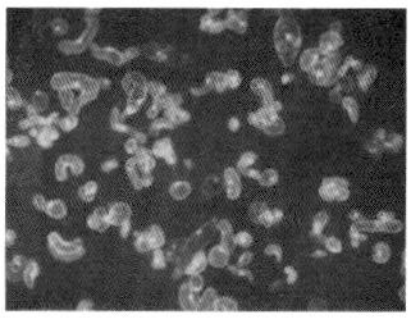	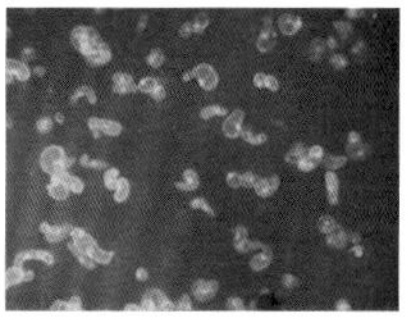
24 h	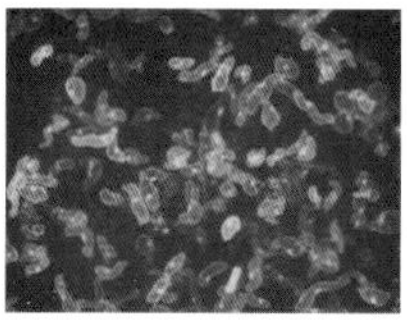	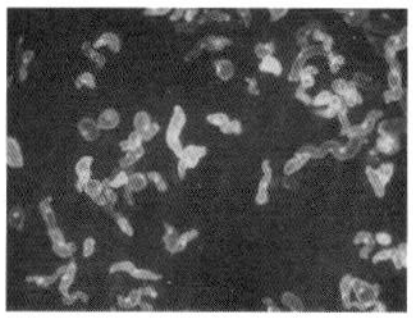	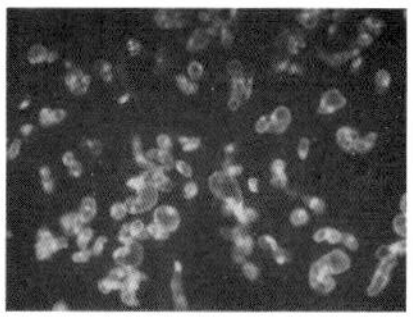	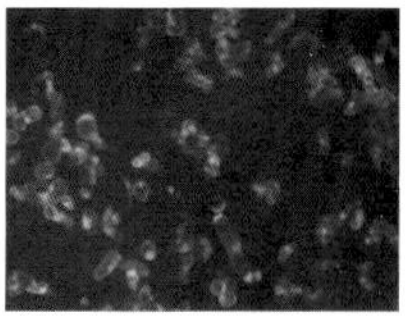

镉处理后时间	籽粒低镉积累 W6nk2		籽粒高镉积累 浙农 8 号	
	对照 control	镉处理 50μmol/L Cd	对照 control	镉处理 50μmol/L Cd
0 h	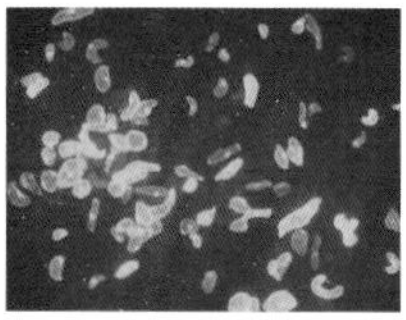	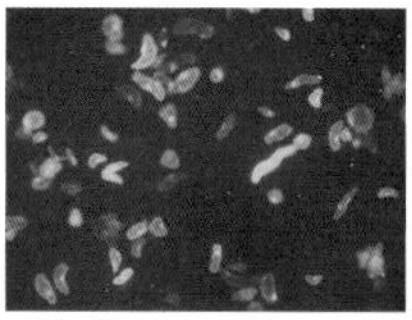	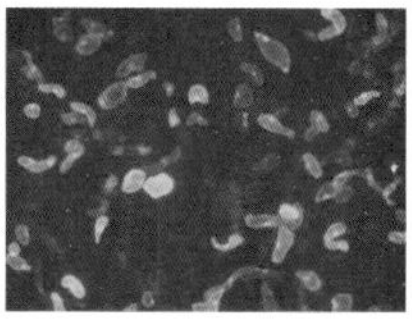	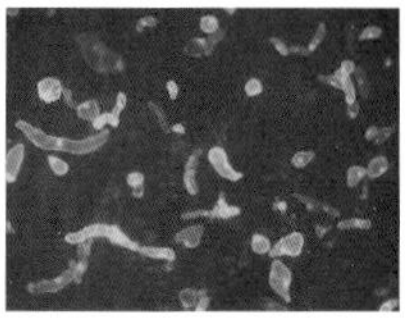
5 h	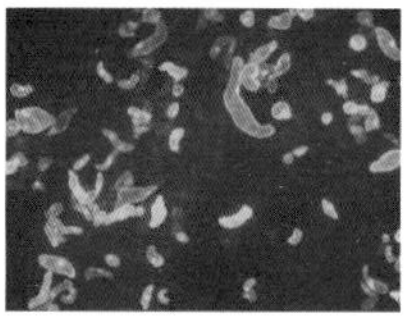	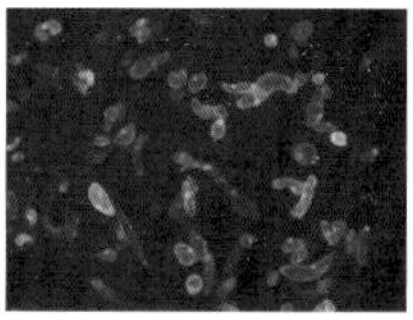	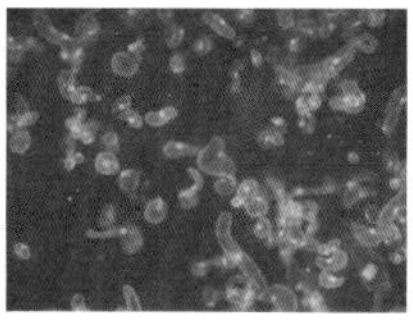	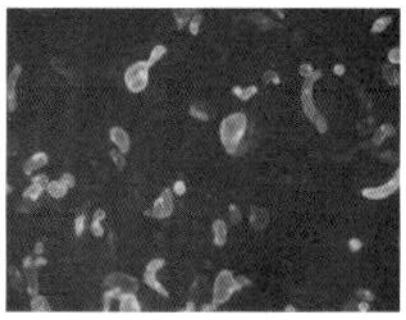
24 h	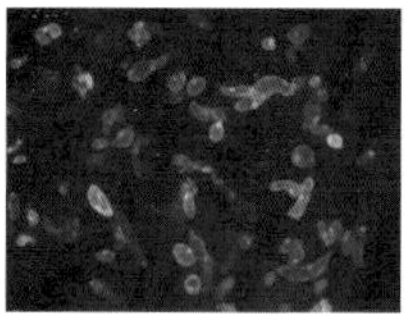	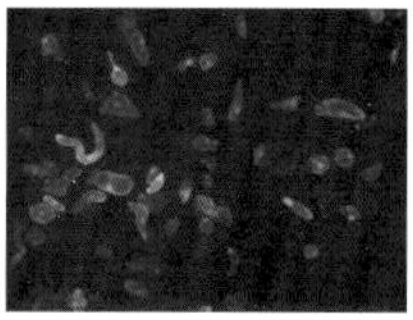	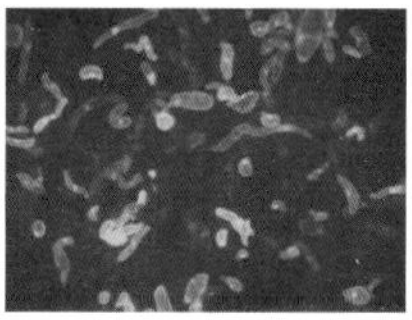	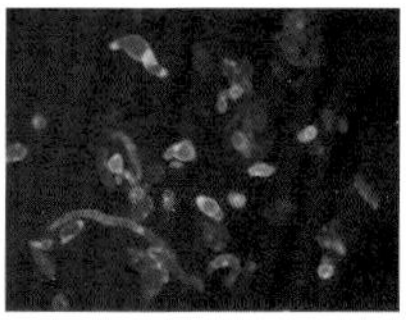

彩图 5 镉胁迫对大麦悬浮细胞的影响及基因型差异

Color figure 5 Suspension cells of four barley genotypes (upper: Cd tolerant and sensitive; lower: high and low grain Cd accumulate) exposed to Cd for different hours

4

W6nk2	Zhenong8	ID	Annotation
		Contig2115_at	Peroxidase
		Contig5605_at	T06168 pathogenesis related protein
		HVSMEb0009H14r2_s_at	Wheat aluminum induced protein wali 3
		Contig4750_at	Wheat aluminum induced protein wali 3
		Contig3563_at	Putative iron/ascorbate-dependent oxidoreductase
		Contig5023_at	Class III chitinase
		Contig11792_at	Similar to human dimethylaniline monooxygenase
		baak13l10_s_at	Putative stripe rust resistance protein Yr10
		Contig18459_at	Putative stripe rust resistance protein Yr10
		Contig17284_at	Putative cytochrome P450
		HT06F11u_s_at	Putative wall-associated kinase 1
		HP0e21w_s_at	CI2E
		Contig91_at	Heat shock protein 90 homolog precursor
		Contig813_at	Pathogen-induced protein WIR1A
		Contig4751_at	Wheat aluminum induced protein wali 3
		Contig4405_x_at	Pathogenesis-related protein PR-10a
		Contig21775_at	Heat shock protein 101
		Contig4406_x_at	Pathogenesis-related protein PR-10a
		Contig14498_at	Pathogenesis-related protein type
		Contig9094_at	Osmotin-like protein
		Contig5607_s_at	Pathogen-related protein
		Contig2243_s_at	Wheat aluminum induced protein wali 5
		Contig4131_at	OSJNBb0086G13.5
		Contig3568_at	putative iron/ascorbate-dependent oxidoreductase
		Contig4928_at	Glutamate dehydrogenase
		Contig3947_s_at	Thaumatin-like protein TLP4
		Contig23814_at	Similar to Lycopersicon pimpinellifolium Cf-2 gene
		HD08F14r_x_at	Probenazole-inducible protein PBZ1
		Contig6519_at	Pathogen-induced protein WIR1A
		Contig2208_at	Pathogenisis-related protein 1.2
		Contig4326_at	Chitinase IV precursor
		Contig3380_s_at	Subtilisin-chymotrypsin inhibitor 2
		Contig4326_s_at	Chitinase IV precursor
		Contig17047_at	Putative stripe rust resistance protein
		Contig2992_s_at	Chitinase
		Contig2118_at	"Peroxidase precursor, pathogen-induced "
		HVSMEm0005P05r2_at	Peroxidase (EC 1.11.1.7)
		Contig2550_x_at	Pathogenesis-related protein 4
		Contig12046_at	Pathogenesis related protein-1
		Contig2787_s_at	Permatin homolog PR5
		Contig639_at	pathogenesis-related protein 4
		Contig2789_at	Thaumatin-like protein TLP7
		Contig4056_s_at	Pathogenesis-related protein
		Contig4402_s_at	Pathogenesis-related protein PR-10a
		Contig9917_at	WIR1 protein
		Contig4054_s_at	Pathogenesis-related protein 1c precursor
		Contig23878_x_at	Pathogen-induced protein WIR1A
		Contig4056_at	Pathogenesis-related protein 1a precursor
		Contig2790_s_at	Thaumatin-like protein TLP7
		EBem10_SQ002_I10_s_at	Thaumatin-like protein TLP8
		Contig2210_at	Pathogenesis-related protein 1 precursor
		Contig2214_s_at	Pathogenesis related protein
		Contig2212_s_at	Pathogenesis-related protein PRB1-3 precursor
		Contig5974_s_at	Pathogen-induced protein WIR1A
		Contig2209_at	Pathogenesis-related protein 1a
		Contig11361_at	Putative peroxidase
		Contig10245_at	Disease resistance response protein-related
		Contig2213_s_at	Type-1 pathogenesis-related protein
		Contig4324_s_at	Chitinase II precursor
		rbah13p07_s_at	Peroxidase
		Contig2211_at	Pathogenesis-related protein PRB1-2 precursor
		Contig4324_at	Chitinase II precursor
		Contig2990_at	Chitinase
		Contig2163_at	T06988 pathogen-induced protein WIR1A
		Contig4273_at	Putative iron/ascorbate-dependent oxidoreductase
		Contig3626_s_at	Hypersensitive-induced reaction protein 3
		Contig2112_at	Peroxidase
		Contig1518_at	Oxalate oxidase
		Contig3216_at	Defensin
		AF250937_s_at	Germin E
		Contig23540_at	Chitinase
		Contig5369_at	Pathogen-related protein
		Contig18990_at	Putative cytochrome P450
		Contig19929_at	Putative peroxidase
		Contig6113_at	Argininosuccinate lyase (AtArgH)
		Contig3151_at	Germin A
		Contig19684_at	Putative hypersensitivity-related protein
		Contig9031_at	GRAB2 protein
		Contig3096_s_at	Allene oxide synthase
		Contig2170_at	T06988 pathogen-induced protein WIR1A
		Contig7255_at	DnaJ protein homolog - kidney bean
		Contig10263_at	Globulin-like protein
		Contig6547_at	Stem rust resistance protein Rpg1
		Contig3054_s_at	Senescence-associated protein 5
		Contig12574_at	Putative lipoxygenase
		Contig3157_at	Oxalate oxidase-like protein or germin-like protein
		Contig5368_at	Pathogen-related protein
		Contig3746_at	Harpin induced gene 1 homolog
		Contig2546_at	Barwin homolog wheatwin2 precursor
		Contig1579_s_at	Thionin
		Contig939_s_at	T06988 pathogen-induced protein WIR1A
		Contig3744_s_at	Harpin induced gene 1 homolog
		Contig3155_s_at	Germin-like 12
		Contig11328_at	"Putative protein, F-box protein PP2-A13 "
		rbags1i23_s_at	"Ribosomal protein L17.1, cytosolic "
		Contig8905_at	Xylanase inhibitor protein I
		Contig2523_at	Ribosomal protein S15
		HD07M22r_s_at	Proteinase inhibitor-related protein
		Contig3381_s_at	Subtilisin-chymotrypsin inhibitor 2
		Contig3783_at	Physical impedance induced protein
		Contig3783_s_at	Physical impedance induced protein
		Contig15882_s_at	Fatty acid alpha-oxidase
		EBro03_SQ003_J21_at	Putative peroxidase
		HS08O16u_s_at	Hemolysin
		Contig17190_at	Putative heat shock protein
		HVSMEm0015M15r2_s_at	Phenylalanine ammonia-lyase

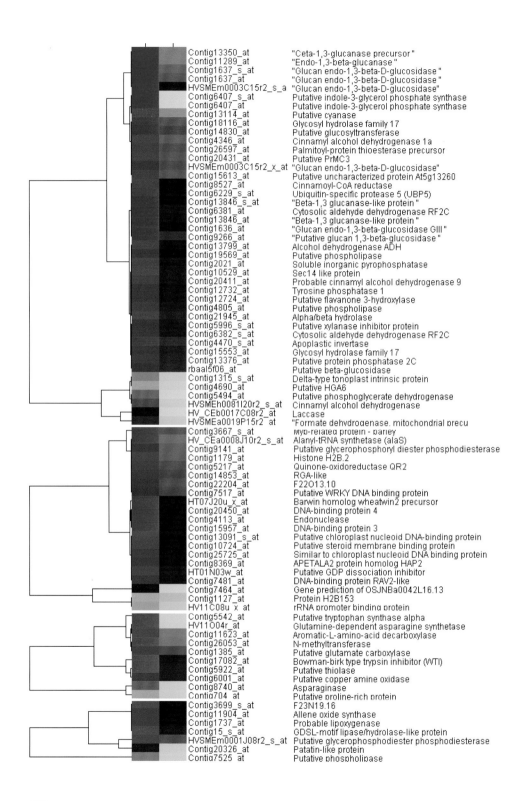

Contig13350_at	"Ceta-1,3-glucanase precursor"
Contig11289_at	"Endo-1,3-beta-glucanase"
Contig1637_s_at	"Glucan endo-1,3-beta-D-glucosidase"
Contig1637_at	"Glucan endo-1,3-beta-D-glucosidase"
HVSMEm0003C15r2_s_a	"Glucan endo-1,3-beta-D-glucosidase"
Contig6407_s_at	Putative indole-3-glycerol phosphate synthase
Contig6407_at	Putative indole-3-glycerol phosphate synthase
Contig13114_at	Putative cyanase
Contig18116_at	Glycosyl hydrolase family 17
Contig14830_at	Putative glucosyltransferase
Contig4346_at	Cinnamyl alcohol dehydrogenase 1a
Contig26597_at	Palmitoyl-protein thioesterase precursor
Contig20431_at	Putative PrMC3
HVSMEm0003C15r2_x_at	"Glucan endo-1,3-beta-D-glucosidase"
Contig15613_at	Putative uncharacterized protein At5g13260
Contig8527_at	Cinnamoyl-CoA reductase
Contig6229_s_at	Ubiquitin-specific protease 5 (UBP5)
Contig13846_s_at	"Beta-1,3 glucanase-like protein"
Contig6381_at	Cytosolic aldehyde dehydrogenase RF2C
Contig13846_at	"Beta-1,3 glucanase-like protein"
Contig1636_at	"Glucan endo-1,3-beta-glucosidase GIII"
Contig9266_at	"Putative glucan 1,3-beta-glucosidase"
Contig13799_at	Alcohol dehydrogenase ADH
Contig19569_at	Putative phospholipase
Contig2021_at	Soluble inorganic pyrophosphatase
Contig10529_at	Sec14 like protein
Contig20411_at	Probable cinnamyl alcohol dehydrogenase 9
Contig12732_at	Tyrosine phosphatase 1
Contig12724_at	Putative flavanone 3-hydroxylase
Contig4805_at	Putative phospholipase
Contig21945_at	Alpha/beta hydrolase
Contig5996_s_at	Putative xylanase inhibitor protein
Contig6382_s_at	Cytosolic aldehyde dehydrogenase RF2C
Contig4470_s_at	Apoplastic invertase
Contig15553_at	Glycosyl hydrolase family 17
Contig13376_at	Putative protein phosphatase 2C
rbaal5f06_at	Putative beta-glucosidase
Contig1315_s_at	Delta-type tonoplast intrinsic protein
Contig4690_at	Putative HGA6
Contig5494_at	Putative phosphoglycerate dehydrogenase
HVSMEh0081I20r2_s_at	Cinnamyl alcohol dehydrogenase
HV_CEb0017C08r2_at	Laccase
HVSMEa0019P15r2_at	"Formate dehydrogenase, mitochondrial precu
Contig3667_s_at	Myb-related protein - barley
HV_CEa0008J10r2_s_at	Alanyl-tRNA synthetase (alaS)
Contig9141_at	Putative glycerophosphoryl diester phosphodiesterase
Contig1179_at	Histone H2B.2
Contig5217_at	Quinone-oxidoreductase QR2
Contig14853_at	RGA-like
Contig22204_at	F22O13.10
Contig7517_at	Putative WRKY DNA binding protein
HT07J20u_x_at	Barwin homolog wheatwin2 precursor
Contig20450_at	DNA-binding protein 4
Contig4113_at	Endonuclease
Contig15957_at	DNA-binding protein 3
Contig13091_s_at	Putative chloroplast nucleoid DNA-binding protein
Contig10724_at	Putative steroid membrane binding protein
Contig25725_at	Similar to chloroplast nucleoid DNA binding protein
Contig8369_at	APETALA2 protein homolog HAP2
HT01N03w_at	Putative GDP dissociation inhibitor
Contig7481_at	DNA-binding protein RAV2-like
Contig7464_at	Gene prediction of OSJNBa0042L16.13
Contig1127_at	Protein H2B153
HV11C08u_x_at	rRNA promoter binding protein
Contig5542_at	Putative tryptophan synthase alpha
HV11O04r_at	Glutamine-dependent asparagine synthetase
Contig11623_at	Aromatic-L-amino-acid decarboxylase
Contig26053_at	N-methyltransferase
Contig1385_at	Putative glutamate carboxylase
Contig17082_at	Bowman-birk type trypsin inhibitor (WTI)
Contig5922_at	Putative thiolase
Contig6001_at	Putative copper amine oxidase
Contig8740_at	Asparaginase
Contig704_at	Putative proline-rich protein
Contig3699_s_at	F23N19.16
Contig11904_at	Allene oxide synthase
Contig1737_at	Probable lipoxygenase
Contig15_s_at	GDSL-motif lipase/hydrolase-like protein
HVSMEm0001J08r2_s_at	Putative glycerophosphodiester phosphodiesterase
Contig20326_at	Patatin-like protein
Contig7525_at	Putative phospholipase

6

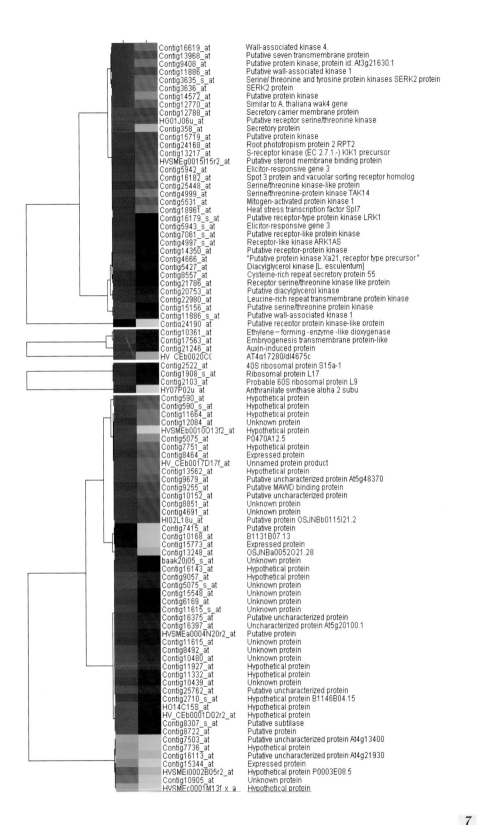

Contig16619_at	Wall-associated kinase 4.
Contig13968_at	Putative seven transmembrane protein
Contig9408_at	Putative protein kinase; protein id: At3g21630.1
Contig11886_at	Putative wall-associated kinase 1
Contig3635_s_at	Serine/ threonine and tyrosine protein kinases SERK2 protein
Contig3636_at	SERK2 protein
Contig14572_at	Putative protein kinase
Contig12770_at	Similar to A. thaliana wak4 gene
Contig12788_at	Secretory carrier membrane protein
HG01J06u_at	Putative receptor serine/threonine kinase
Contig358_at	Secretory protein
Contig15719_at	Putative protein kinase
Contig24168_at	Root phototropism protein 2 RPT2
Contig13217_at	S-receptor kinase (EC 2.7.1.-) KIK1 precursor
HVSMEg0015I15r2_at	Putative steroid membrane binding protein
Contig5942_at	Elicitor-responsive gene 3
Contig16182_at	Spot 3 protein and vacuolar sorting receptor homolog
Contig25448_at	Serine/threonine kinase-like protein
Contig4999_at	Serine/threonine-protein kinase TAK14
Contig5531_at	Mitogen-activated protein kinase 1
Contig18961_at	Heat stress transcription factor Spl7
Contig16179_s_at	Putative receptor-type protein kinase LRK1
Contig5943_s_at	Elicitor-responsive gene 3
Contig7061_s_at	Putative receptor-like protein kinase
Contig4997_s_at	Receptor-like kinase ARK1AS
Contig14350_at	Putative receptor-protein kinase
Contig4666_at	"Putative protein kinase Xa21, receptor type precursor "
Contig5427_at	Diacylglycerol kinase [L. esculentum]
Contig8557_at	Cysteine-rich repeat secretory protein 55
Contig21786_at	Receptor serine/threonine kinase like protein
Contig20753_at	Putative diacylglycerol kinase
Contig22980_at	Leucine-rich repeat transmembrane protein kinase
Contig15156_at	Putative serine/threonine protein kinase
Contig11886_s_at	Putative wall-associated kinase 1
Contig24190_at	Putative receptor protein kinase-like protein
Contig10361_at	Ethylene − forming -enzyme -like dioxygenase
Contig17563_at	Embryogenesis transmembrane protein-like
Contig21246_at	Auxin-induced protein
HV_CEb0020C0	AT4g17280/dl4675c
Contig2522_at	40S ribosomal protein S15a-1
Contig1908_s_at	Ribosomal protein L17
Contig2103_at	Probable 60S ribosomal protein L9
HY07P02u_at	Anthranilate synthase alpha 2 subu
Contig590_at	Hypothetical protein
Contig590_s_at	Hypothetical protein
Contig11664_at	Hypothetical protein
Contig12084_at	Unknown protein
HVSMEb0010O13f2_at	Hypothetical protein
Contig5075_at	P0470A12.5
Contig7751_at	Hypothetical protein
Contig8464_at	Expressed protein
HV_CEb0017D17f_at	Unnamed protein product
Contig13562_at	Hypothetical protein
Contig9679_at	Putative uncharacterized protein At5g48370
Contig9255_at	Putative MAWD binding protein
Contig10152_at	Putative uncharacterized protein
Contig8851_at	Unknown protein
Contig4691_at	Unknown protein
HI02L18u_at	Putative protein OSJNBb0115I21.2
Contig7415_at	Putative protein
Contig10168_at	B1131B07.13
Contig15773_at	Expressed protein
Contig13248_at	OSJNBa0052O21.28
baak20j05_s_at	Unknown protein
Contig16143_at	Hypothetical protein
Contig9057_at	Hypothetical protein
Contig5075_s_at	Unknown protein
Contig15548_at	Unknown protein
Contig6169_at	Unknown protein
Contig11615_s_at	Unknown protein
Contig16375_at	Putative uncharacterized protein
Contig16397_at	Uncharacterized protein At5g20100.1
HVSMEa0004N20r2_at	Putative protein
Contig11615_at	Unknown protein
Contig8492_at	Unknown protein
Contig10480_at	Unknown protein
Contig11927_at	Hypothetical protein
Contig11332_at	Hypothetical protein
Contig10439_at	Unknown protein
Contig25762_at	Putative uncharacterized protein
Contig2710_s_at	Hypothetical protein B1146B04.15
HO14C15S_at	Hypothetical protein
HV_CEb0001D02r2_at	Hypothetical protein
Contig8307_s_at	Putative subtilase
Contig8722_at	Putative protein
Contig7503_at	Putative uncharacterized protein At4g13400
Contig7736_at	Hypothetical protein
Contig16113_at	Putative uncharacterized protein At4g21930
Contig15344_at	Expressed protein
HVSMEi0002B05r2_at	Hypothetical protein P0003E08.5
Contig10905_at	Unknown protein
HVSMEc0001M13f_x_a	Hypothetical protein

S1.6 Cd-induced differential genes expression except for transport related in leaves of two barley genotypes. Heat map visualises the expression of genes up-regulated in W6nk2 and down-regulated/no-change in Zhenong8, and no change in W6nk2 and down-regulated in Zhenong8 (Cd vs control) after Cd exposure for 15 d. The contig IDs and annotations are listed on the right. Red, green and black indicate genes that increased, decreased and showed equal levels of expression, respectively, as compared to the control. The contig ID and annotation of each gene are listed on the right of the figure. The identity and accession numbers of genes are listed in Table S1.2.

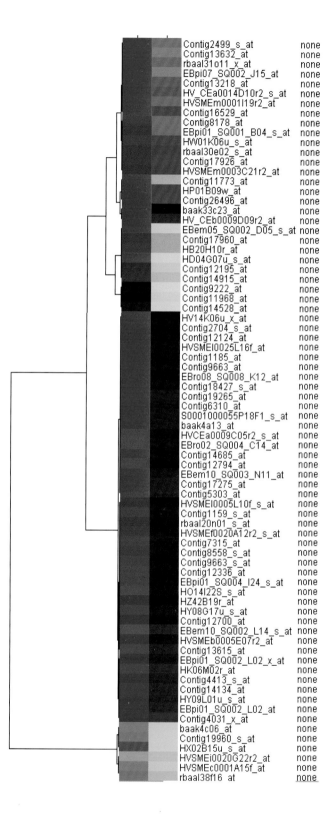

Contig2499_s_at	none
Contig13632_at	none
rbaal31o11_x_at	none
EBpi07_SQ002_J15_at	none
Contig13218_at	none
HV_CEa0014D10r2_s_at	none
HVSMEm0001l19r2_at	none
Contig16529_at	none
Contig8178_at	none
EBpi01_SQ001_B04_s_at	none
HW01K06u_s_at	none
rbaal30e02_s_at	none
Contig17926_at	none
HVSMEm0003C21r2_at	none
Contig11773_at	none
HP01B09w_at	none
Contig26496_at	none
baak33c23_at	none
HV_CEb0009D09r2_at	none
EBem05_SQ002_D05_s_at	none
Contig17960_at	none
HB20H10r_at	none
HD04G07u_s_at	none
Contig12195_at	none
Contig14915_at	none
Contig9222_at	none
Contig11968_at	none
Contig14528_at	none
HV14K06u_x_at	none
Contig2704_s_at	none
Contig12124_at	none
HVSMEl0025L16f_at	none
Contig1185_at	none
Contig9663_at	none
EBro08_SQ008_K12_at	none
Contig18427_s_at	none
Contig19265_at	none
Contig6310_at	none
S0001000055P18F1_s_at	none
baak4a13_at	none
HVCEa0009C05r2_s_at	none
EBro02_SQ004_C14_at	none
Contig14685_at	none
Contig12794_at	none
EBem10_SQ003_N11_at	none
Contig17275_at	none
Contig5303_at	none
HVSMEl0005L10f_s_at	none
Contig1159_s_at	none
rbaal20n01_s_at	none
HVSMEf0020A12r2_s_at	none
Contig7315_at	none
Contig8558_s_at	none
Contig9663_s_at	none
Contig12336_at	none
EBpi01_SQ004_I24_s_at	none
HO14I22S_s_at	none
HZ42B19r_at	none
HY08G17u_s_at	none
Contig12700_at	none
EBem10_SQ002_L14_s_at	none
HVSMEb0005E07r2_at	none
Contig13615_at	none
EBpi01_SQ002_L02_x_at	none
HK06M02r_at	none
Contig4413_s_at	none
Contig14134_at	none
HY09L01u_s_at	none
EBpi01_SQ002_L02_at	none
Contig4031_x_at	none
baak4c06_at	none
Contig19960_s_at	none
HX02B15u_s_at	none
HVSMEi0020G22r2_at	none
HVSMEc0001A15f_at	none
rbaal38f16_at	none